浙江省普通高校"十三五"新形态教材

BIM 系 列 新 形 态 教 材

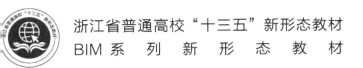

BIM

建模之钢筋建模

主　编　葛冠晓

副主编　龙月姣　王春福

主　审　宁先平

ZHEJIANG UNIVERSITY PRESS

浙江大学出版社

图书在版编目(CIP)数据

BIM 建模之钢筋建模 / 葛冠晓主编. —杭州:浙江大学出版社,2018.12(2024.7 重印)
ISBN 978-7-308-18841-8

Ⅰ.①B… Ⅱ.①葛… Ⅲ.①钢筋混凝土结构—结构设计—计算机辅助设计—应用软件 Ⅳ.①TU201.4

中国版本图书馆 CIP 数据核字(2018)第 292986 号

BIM 建模之钢筋建模

主　编　葛冠晓
副主编　龙月姣　王春福

责任编辑	王元新
责任校对	汪志强
封面设计	春天书装
出版发行	浙江大学出版社
	(杭州市天目山路 148 号　邮政编码 310007)
	(网址:http://www.zjupress.com)
排　版	浙江大千时代文化传媒有限公司
印　刷	广东虎彩云印刷有限公司绍兴分公司
开　本	787mm×1092mm　1/16
印　张	17
字　数	424 千
版 印 次	2018 年 12 月第 1 版　2024 年 7 月第 2 次印刷
书　号	ISBN 978-7-308-18841-8
定　价	47.00 元

序

建筑业是国民经济的支柱产业,其科技发展有两条主线:一条是转型经济引发的绿色发展,核心是抓好低碳建筑;另一条是数字经济引发的数字科技,其基础是 BIM(Building Information Modeling,建筑信息模型)技术。BIM 技术是我国数字建筑业的发展基础,从 2011 年开始至今,住房和城乡建设部每年均强力发文,对 BIM 技术的应用提出了明确要求。这些要求体现了从"提倡应用"到相关项目"必须应用",从"设计、施工应用"到工程项目"全生命周期应用",从全生命周期各阶段"单独应用"到"集成应用",从"BIM 技术单独应用"到提倡"BIM 与大数据、智能化、移动通信、云计算、物联网等信息技术集成应用"的递进上升过程。然而与密集出台的政策不匹配的是,BIM 人才短缺严重制约了 BIM 技术应用的推行。《中国建设行业施工 BIM 应用分析报告》(2017)显示,在"实施 BIM 中遇到的阻碍因素"中,缺乏 BIM 人才占 63.3%,远高于其他因素,BIM 人才短缺成为企业目前应用 BIM 技术首先要解决的问题。

浙江广厦建设职业技术学院与国内以"建造 BIM 领航者"为己任的上海鲁班软件股份有限公司合作,创立了企业冠名的"鲁班学院",专注培养 BIM 技术应用紧缺人才。以 BIM 人才培养为契机,校企顺势而为,在鲁班学院教学试用的基础上,联合编写了浙江省"十三五"BIM 系列新形态教材。该系列教材有以下特点:

1. 立足 BIM 技术应用人才培养目标,编写一体化、项目化教材。在 BIM 土建、钢筋、安装、钢结构 4 门 BIM 建模课程及 1 门 BIM 综合应用课程开发的基础上,重点围绕同一实际工程项目,编写了 4 本 BIM 建模和 1 本 BIM 用模共 5 本 BIM 项目化系列教材。该系列教材既遵循了 BIM 学习者的认知规律,循序渐进地培养 BIM 技术应用者,又改变了市场上或以 BIM 软件命令介绍为主,或以 BIM 知识点为内容框架,或以单个工程项目为编写背景的割裂孤立的现状,具有系统性和逻辑连贯性。

2. 引领 BIM 教材形态创新,助力教育教学模式改革。在对 5 门 BIM 项目化课程进行任务拆分的基础上,以任务为单元,通过移动互联网技术,以嵌入二维码的纸质教材为载体,嵌入视频、在线练习、在线作业、在线测试、拓展资源等数字资源,既可满足学习者全方位的个性化移动学习需要,又为师生开展线上线下混合教学、翻转课堂等课堂教学创新奠定了基础,助力"移动互联"教育教学模式改革的同时,创新形成了以任务为单元的 BIM 新形态教材。

3. 校企合作编写,助推 BIM 技术的应用。对接 BIM 实际工作需要,围绕 BIM 人才培养目标,突出适用、实用和应用原则,校企精选精兵强将共同研讨制订教材大纲及教材编写标准,双方按既定的任务完成编写,满足 BIM 学习者和应用者的实际使用需求,能够有效地助推 BIM 技术的应用。

4.教材以云技术为核心的平台化应用,实现优质资源开放共享。教材依托浙江大学出版社"立方书"平台、浙江省高等学校在线开放课程共享平台、鲁班大学平台等网络平台,具有开放性和实践性,为师生、行业、企业等人员自主学习提供了更多的机会,充分体现"互联网＋教育",实现优质资源的开放共享。

习近平总书记在 2017 年 12 月 8 日的中共中央政治局会议上指出,要实施国家大数据战略,加快建设数字中国。BIM 技术作为建筑产业数字化转型、实现数字建筑及数字建筑业的重要基础支撑,必将推动中国建筑业进入智慧建造时代。浙江广厦建设职业技术学院与上海鲁班软件股份有限公司深度合作,借 BIM 技术应用之"势",编写本套 BIM 系列新形态教材,希望能成为高职高专土木建筑类专业师生教与学的好帮手,成为建筑行业企业专业人士 BIM 技术应用学习的基础用书。由于能力和水平所限,本系列教材还有很多不足之处,热忱欢迎各界朋友提出宝贵意见。

浙江广厦建设职业技术学院鲁班学院常务副院长

宁先平

2018 年 6 月

前　言

课程介绍

　　《BIM 建模之钢筋建模》教材是依托由浙江广厦建设职业技术学院与上海鲁班软件股份有限公司合作创办的鲁班学院,以 BIM 技术应用人才培养为目标,在校企合作开发 BIM 钢筋建模课程基础上,校企联合编写的 BIM 项目化新形态教材,该教材是浙江省"十三五" BIM 项目化系列新形态教材之一。

　　该教材以 A 办公楼实际工程项目为载体,对项目按鲁班钢筋软件建模工作过程进行任务分解,分解为 13 个工作任务,以工作任务为单元,通过移动互联网技术,在纸质文本上嵌入二维码,链接操作微视频、在线测试等数字资源,力求打造教材即课堂的教学模式。

　　该教材采用工作任务式的编写体例,每项任务包括学习目标、任务导引、在线测试、任务拓展等内容。"学习目标"用以明确学习者学习方向及要达到的标准;"任务导引"用以明确工作任务;"任务实施"用以教会学习者建模操作方法及技巧;"思考与讨论"用以提高学生的思辨能力;"在线测试"用以检测学习者的学习效果;"任务拓展"用以扩展学习者视野的同时,强化钢筋建模技术。

　　该教材由葛冠晓担任主编,龙月姣为副主编,宁先平担任主审,具体分工如下:浙江广厦建设职业技术学院葛冠晓编写任务 2~5;浙江广厦建设职业技术学院王春福编写任务 1、任务 11;浙江广厦建设职业技术学院楼映珠编写任务 6;浙江广厦建设职业技术学院罗梅编写任务 12、任务 13;上海鲁班软件股份有限公司龙月姣编写任务 7~10;上海鲁班软件股份有限公司张洪军提供 A 办公楼实际工程项目图纸。

　　该教材可作为高职高专土木建筑类专业学生的教材和教学参考书,也可作为建设类行业企业相关技术人员的学习用书。

　　由于编者水平有限,书中难免存在不足之处,敬请读者批评指正,以利于再版修改完善。

编　者

2018 年 6 月

目　录

任务 1　项目准备

【学习目标】

1. 掌握鲁班钢筋软件的正确安装和运行。
2. 熟悉鲁班钢筋的软件界面及快捷键。
3. 掌握图纸的分图以及图纸钢筋符号的转化。

【任务导引】

1. 正确安装鲁班钢筋软件并运行。
2. 完成 A 办公楼原始图纸的分图以及图纸钢筋符号的转化。

1.1　软件安装与运行

视频 1-1

1.1.1　系统的配置

系统的配置如表 1-1-1 所示。

表 1-1-1

硬件与软件	推荐要求
机型	PentiumⅢ以上的计算机
内存	512MB 及以上
鼠标器	2 键+滚轮鼠标
操作系统	Windows 2000/XP/7/8 简体中文版

1.1.2　软件安装

鲁班钢筋软件版本更新较为频繁,但各版本的安装步骤都是一样的。本教材以鲁班钢筋 2017V26.0.0 为例进行讲解。2017V26.0.0 安装程序需从鲁班官网(www.lubansoft.com)产品中心下载。下载后运行鲁班钢筋软件 ,出现安装提示框,如图 1-1-1 所示。

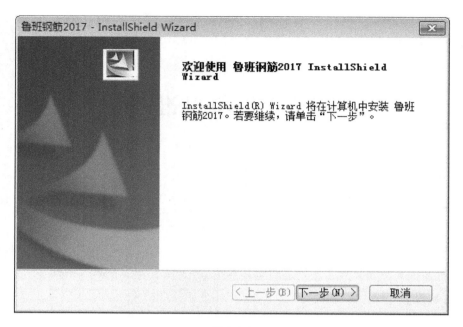

图 1-1-1

点击"下一步",出现"许可证协议"对话框,如图 1-1-2 所示。

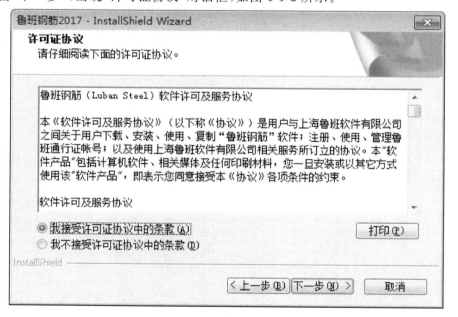

图 1-1-2

选择"我接受许可证协议中的条款",并点击"下一步",出现"选择目的地位置"对话框,如图 1-1-3 所示。

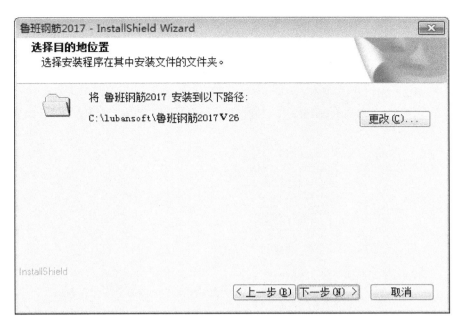

图 1-1-3

设置好安装路径后,点击"下一步",出现"选择程序文件夹"对话框,如图 1-1-4 所示。

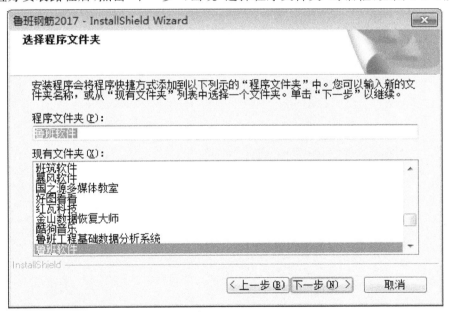

图 1-1-4

选择好后,点击"下一步",出现"可以安装该程序了"对话框,如图 1-1-5 所示。

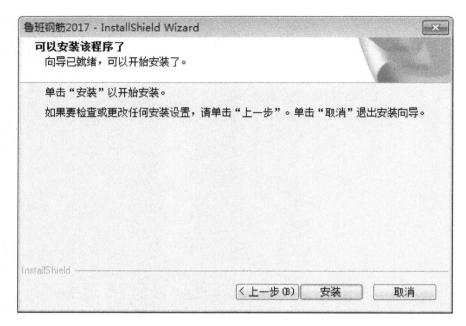

图 1-1-5

点击"安装"后,弹出"安装状态"对话框,如图 1-1-6 所示。

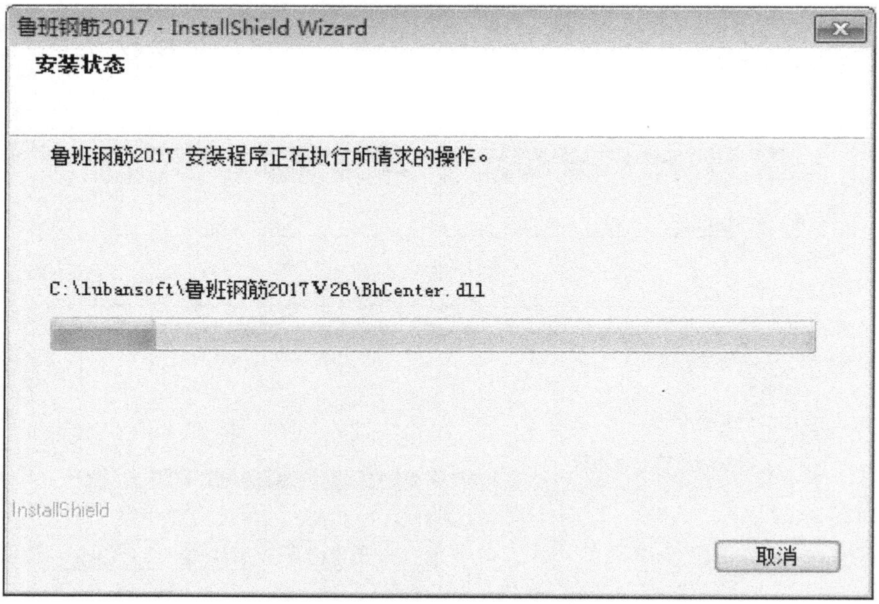

图 1-1-6

安装完成后弹出如图 1-1-7 所示窗口,完成安装之后便可以点击"完成"立即运行鲁班钢筋 2017V26.0.0。

图 1-1-7

1.1.3 软件的升级

安装完成后,如果想升级到最新版本,可以打开软件,在"云功能"菜单下,选择"检查更新",如图 1-1-8 所示。

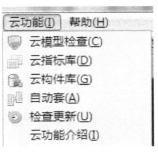

图 1-1-8

点击"检查更新"后,出现"在线升级"对话框,如图 1-1-9 所示。

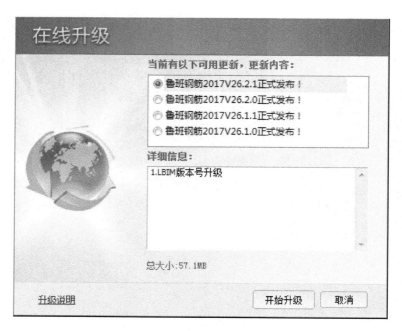

图 1-1-9

选择最新的升级版本，点击"开始升级"，弹出如图 1-1-10 所示对话框。

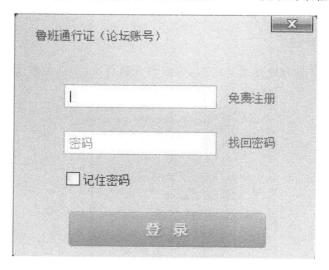

图 1-1-10

输入鲁班论坛(www.eluban.com)账号和密码，如果没有账号，请先去鲁班论坛上注册一个账号，然后在这里输入账号和密码，才能完成升级。软件升级过一次后，下次升级不用再输入账号和密码。输入后弹出如图 1-1-11 所示对话框。

图 1-1-11

升级完成后，点击"完成"（见图 1-1-12），软件就升级到当前最新版本鲁班钢筋 26.2.1.0。打开软件后，可在软件的右下角查看版本号。

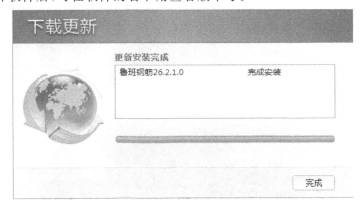

图 1-1-12

注意：软件安装包分为 32 位和 64 位两种类型，32 位的电脑系统上可以安装 32 位的鲁班钢筋安装包，64 位的电脑系统上可以安装 64 位的鲁班钢筋安装包，该版本采用了全新的报表控件，报表显示更美观，更符合规范。

1.1.4 软件卸载

如果不想在 Windows 中保留"鲁班钢筋"软件，可以按以下步骤操作：

（1）双击"我的电脑"，在"我的电脑"对话框中双击"控制面板"；或者单击电脑桌面左下角的"开始"按钮，单击"设置"，选择"控制面板"。

（2）在控制面板中双击"添加/删除程序"。

（3）在"安装/卸载"对话框中选择"鲁班钢筋"，此时对话框中的"添加/删除"按钮会显亮，单击此按钮。

（4）确定要完全删除"鲁班钢筋"及其所有组件吗？选择"是"。

（5）从您的计算机上删除程序的界面中选择"确定"。

（6）"鲁班钢筋"完全删除后，确定是否重新启动计算机。一般情况下选择"是"。

（7）重新启动计算机后，"鲁班钢筋"软件就从您的计算机中完全卸载掉了。

1.2 鲁班钢筋界面及快捷键

视频 1-2

1.2.1 主界面介绍

通过主界面介绍，您可以对鲁班钢筋 2017V26.2.1.0 的主界面有一个初步的认识。

鲁班钢筋主界面分为图形法与构件法两种，目前主要以图形法作为主界面。下面分别介绍这两种主界面的构成。

1.图形法

图形法主界面的构成，主要有：①菜单栏，②工具栏，③构件布置栏，④属性定义栏，⑤绘图区，⑥动态坐标，⑦构件显示控制栏，⑧钢筋详细显示栏，⑨状态提示栏，⑩构件查找栏，⑪实时控制栏，⑫标题栏等构成，如图 1-2-1 所示。

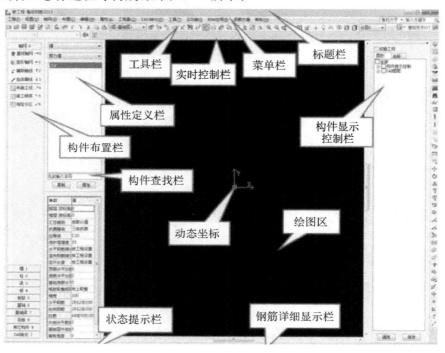

图 1-2-1

菜单栏：是 Windows 应用程序标准的菜单形式，包括"工程""视图""轴网""布置""编辑""属性""工程量""CAD 转化""工具""云功能""BIM 应用""PBPS""钢筋对量""帮助"。

工具栏：是一种十分形象而又直观的图标形式，它让我们只需单击相应的图标就可以执行相关操作，从而提高绘图效率，在实际绘图中非常有用。

构件布置栏：包括所有布置命令。例如左键单击"轴网"，会出现所有与轴网有关的命令。

属性定义栏：在此界面上可以直接复制、增加构件，并修改构件的各个属性，如标高、断面尺寸、砼强度等级、钢筋信息等。

绘图区：主要工作区域，在这里可以建立工程模型和计算钢筋量。

动态坐标：拖动直角坐标的原点到想要的参照点上，当控制手柄变红色时，说明两者已准确重合。

构件显示控制栏：可以按图形、名称两种方式控制构件的显示。

钢筋详细显示栏：可以在此查看单构件的钢筋信息，并可添加单根钢筋。

状态提示栏：在执行命令时显示相关提示。

构件查找栏：输入构件名称，及时找到对应的编号。

实时控制栏：在实施构件布置栏的命令时，可替代"属性定义"工具栏中的构件大类、小类、名称的选择；"属性定义"可隐藏，以增大绘图区域。线性构件的定位方式、左边宽度以及同种布置方法的不同方式，也可整合至该工具栏。同种布置方法的不同方式，整合至该工具栏，如图 1-2-2 所示。

图 1-2-2

2. 构件法

构件法主界面的构成主要有菜单栏、工具栏、目录栏、钢筋列表栏、单根钢筋图库、参数栏等，如图 1-2-3 所示。

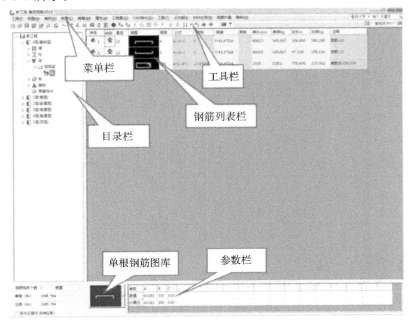

图 1-2-3

菜单栏:同图形法的菜单栏,无效的菜单显示灰色,有效的保留。

工具栏:构件法工具栏替换图形法工具栏。

目录栏:按楼层与构件保存工程所有的计算结果,并可自定义构件夹。

钢筋列表栏:显示并可修改所有构件的详细钢筋信息。

单根钢筋图库:软件的钢筋图库,可选择应用。

参数栏:选中钢筋的各参数显示、修改位置。

1.2.2 鲁班软件快捷键及 CAD 常用命令

鲁班软件快捷键如表 1-2-1 所示。

表 1-2-1

序号	名称	快捷命令	序号	名称	快捷命令
1	新建	Ctrl＋N	73	布筋区域	QN
2	打开	Ctrl＋O	74	智能布置	SS
3	工程设置	Ctrl＋P	75	区域选择	WA
4	楼层复制	Ctrl＋L	76	区域匹配	WD
5	导入构件	Ctrl＋G	77	独立基础	J
6	保存	Ctrl＋S(永久)	78	参数调整	DE
7	另存为	Ctrl＋Shift＋S	79	智能独基	XX
8	备份	Ctrl＋K	80	智能条基	TT
9	恢复	Ctrl＋R	81	智能布桩	HH
10	打开.lbim	Ctrl＋Shift＋L	82	绘制基梁	P
11	保存.lbim	Ctrl＋Shift＋P	83	智能基梁	PP
12	退出	QU	84	刷新支座	SX
13	显示全部图形	Ctrl＋Shift＋E(永久)	85	筏板基础	FB
14	单构件三维显示	Ctrl＋Alt＋S	86	筏板变截	BM
15	三维显示	Ctrl＋Alt＋I(永久)	87	集参调整	CX
16	动态坐标居中	Ctrl＋Shift＋C	88	基础板带	BT
17	放大	Ctrl＋Shift＋I	89	智能封边	ZU
18	缩小	Ctrl＋Shift＋O	90	智能线性构件	ZZX
19	窗口平移	Ctrl＋Shift＋T	91	建筑面积	MJ
20	窗口缩放	Ctrl＋Shift＋A	92	施工段	FQ
21	屏幕旋转	Ctrl＋Shift＋K	93	插入构件组	CZ
22	构件显示控制	Ctrl＋F	94	回退	Ctrl＋Z

序号	名称	快捷命令	序号	名称	快捷命令
23	界面切换	Ctrl+J	95	恢复	Ctrl+U
24	直线轴网	ZW	96	剪切	Ctrl+X（永久）
25	弧形轴网	HW	97	复制	Ctrl+C（永久）
26	辅助轴线	FZ	98	粘贴板管理器	Ctrl+CC（永久）
27	自由画线	FH	99	粘贴	Ctrl+V（永久）
28	构件锁定	F2	100	名称更换	F6（永久）
29	绘制墙	Q	101	格式刷	F7（永久）
30	布置剪力墙	JQ	102	平法标注	F9
31	布置斜墙	XQ	103	设置偏向	SP
32	布置人防墙	RQ	104	变斜构件	BS
33	布置砖墙	ZQ	105	标高调整	F11
34	智能布墙	QQ	106	随板调整	Ctrl+H
35	外边识别	DQ	107	其他钢筋调整	Ctrl+T
36	外边设置	SQ	108	智能延伸	Ctrl+D
37	端墙识别	DS	109	删除	Num Del（永久）
38	端墙设置	DZ	110	移动	M
39	墙端纵筋	EQ	111	复制	CO
40	布置墙洞	QD	112	旋转	RO
41	布置门洞	MD	113	镜像	MI
42	布置窗洞	CD	114	旋转偏移对齐	RN
43	布置飘窗	PC	115	端部调整	ZD
44	布置暗梁	AL	116	夹点编辑	O
45	布置连梁	LL	117	添加折点	G
46	洞口连梁	DLL	118	删除折点	H
47	人防梁	RFL	119	切割	QG
48	点击布柱	Z	120	打断	BR
49	智能布柱	ZZ	121	合并	HB
50	设置偏心	PX	122	倒角延伸	SJ
51	识别边角	SB	123	私有属性定义	Ctrl+Y（永久）
52	设置边角	SZ	124	私有属性修改	Ctrl+B
53	布置柱帽	ZM	125	柱表	Ctrl+E

续表

序号	名称	快捷命令	序号	名称	快捷命令
54	智能柱帽	MM	126	暗柱表	Ctrl＋W
55	设置斜柱	XZ	127	连梁表	Ctrl＋Q
56	绘制梁	L	128	搜索	Ctrl＋F11（永久）
57	智能布梁	CC	129	单构件钢筋显示	F5（永久）
58	识别支座	W	130	单构件钢筋显示	Ctrl＋Alt＋O
59	编辑支座	E	131	计算	CP
60	设置拱梁	SG	132	指定构件计算	SC
61	刷新支座	SX	133	查看计算日志	CM
62	格式刷	JG	134	云模型检查	C
63	同名称梁	TM	135	查看标高	CH
64	布置圈梁	QL	136	锁定	LK
65	智能圈梁	YY	137	解锁	UK
66	形成楼板	Ctrl＋Alt＋1	138	构件标记	TG
67	布置现浇板	B	139	两点间距	JU
68	智能布板	BB	140	正交设置	F8
69	布受力筋	S	141	捕捉设置	F3
70	放射筋	FS	142	工具条	F12
71	圆形筋	OS	143	布施工段	FQ
72	楼层板带	LB	144	帮助	F1

CAD 常用命令如表 1-2-2 所示。

表 1-2-2

序号	名称	快捷命令	序号	名称	快捷命令
1	复制对象	CO	13	镜像工具	MI
2	定义块文件	W	14	偏移	O
3	圆弧	A	15	旋转实体	RO
4	圆	C	16	移动	M
5	绘制矩形	rec	17	删除对象	E
6	直线	l	18	修剪	TR
7	分解	X/BURST	19	延伸	EX
8	偏移	O	20	拉伸实体	S
9	图层管理	LA	21	倒圆角	F
10	图层查看	LI	22	角度标注	DAN
11	尺寸标注	Ctrl＋Alt＋U	23	直径标注	DDL
12	半径标注	DRA	24	对齐标注	DAL

1.3 CAD 钢筋转化及分图

前期准备工作：

（1）图纸拿到手后，检查图纸，确定是否缺少图纸。了解图纸基本的信息、楼层等。

（2）图纸确定没问题后进行结构设计说明重点标记（快捷命令 rec）。

（3）查看平面图是否有需要修改的地方，如钢筋符号替换。

（4）图纸输出，也就是分图，注意输出的图纸是 dwg 格式。

1.3.1 CAD 钢筋转化

表 1-3-1 列出了目前鲁班钢筋支持输入的钢筋级别类型及输入方法。

表 1-3-1

级别/类型	符号	属性输入方式	单根输入方式
一级钢	Φ1	A	A 或 1
二级钢	Φ2	B	B 或 2
三级钢	Φ3	C	C 或 3
四级钢	Φ4	D	4
五级钢	Φ^{V}5	E	5
冷轧带肋	Φ^{R}6	L	L 或 6
冷轧扭	Φ^{t}7	N	N 或 7
冷拔	Φ^{b}11	L	11～15
冷拉	Φ^{L}21		21～25
预应力	Φ^{y}31		31～35

以 A 办公楼为例，当我们打开 CAD 图纸，很多情况下都会出现钢筋符号缺失的情况，如图 1-3-1 所示。所以在建模之前，最好将 CAD 图纸中的钢筋符号转化成软件能够识别的符号。

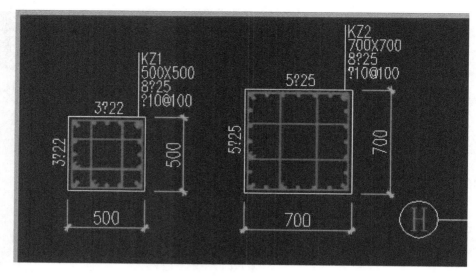

图 1-3-1

单击鼠标右键,选择"特性",如图 1-3-2 所示。

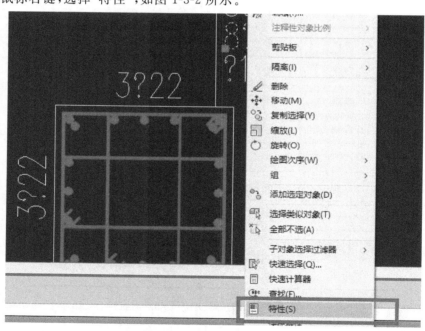

图 1-3-2

"特性"对话框显示为空白,如图 1-3-3 所示。这样的图纸在鲁班软件中是无法识别的,所以我们需要在 CAD 图纸中对钢筋符号进行统一修改。

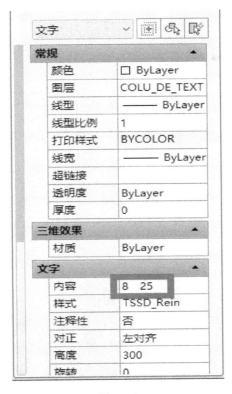

图 1-3-3

首先在图 1-3-3"特性"对话框中文字、内容里复制未显示的钢筋字符，然后在绘图区域空白处单击鼠标右键，点击"查找"选项，如图 1-3-4 所示。

图 1-3-4

接下来进行钢筋符号的替换命令,因为鲁班钢筋中一级钢筋为A,二级钢筋为B,三级钢筋为C,对应的字符分别是%%130,%%131,%%132,本项目中所有钢筋均为三级钢筋,所以我们可以在CAD中直接将钢筋符号统一替换为%%132。操作如图1-3-5所示。

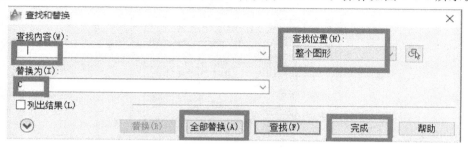

图 1-3-5

单击"完成",转化钢筋字符之后因为字体原因在CAD中可能还会显示为问号,但导入鲁班钢筋后会消除,如图1-3-6所示。

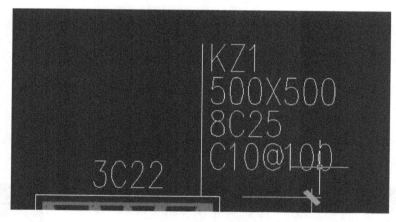

图 1-3-6

1.3.2　CAD 分图

由于鲁班钢筋不能带基点复制图纸,只能以插入的方式将图纸导入鲁班钢筋中,所以在进行建模之前,要先对图纸进行分块分图。

以A办公楼一层柱的平面布置图为例,可以多框选几次,以保证图形内所有信息全部选中,如图1-3-7所示。

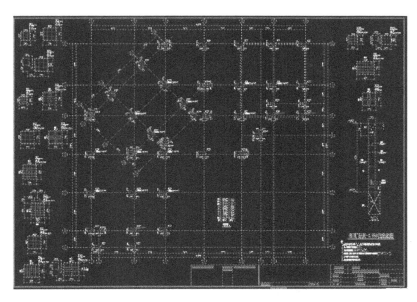

图 1-3-7

然后单击文件菜单下的"输出"命令,选择"其他格式",如图 1-3-8 所示。

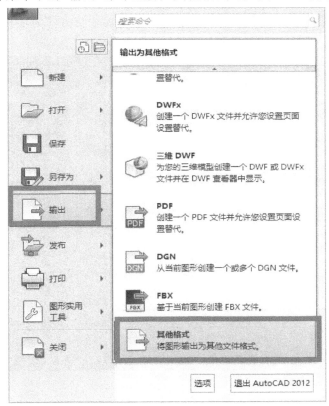

图 1-3-8

选择分块图纸保存的文件夹,命名为"一层柱配筋图",文件类型保存为"块",如图 1-3-9 所示。

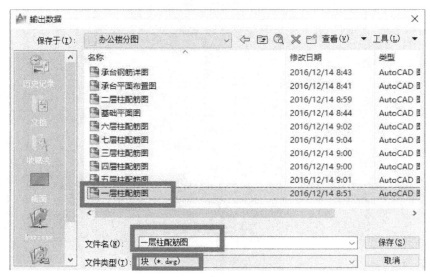

图 1-3-9

再到 CAD 图纸中选中项目基点,一般可选择①—Ⓐ轴交点作为项目基点,如图 1-3-10 所示。

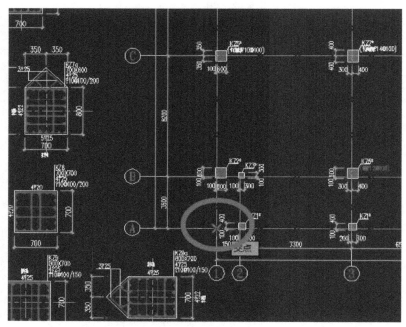

图 1-3-10

用上述方法将所需的每一张结构施工图进行分图。

1.4　建模顺序

建模步骤：先地上后地下，先竖向构件后水平构件。

软件建模一般从标准层开始（因为标准层楼层基本上涵盖了其他楼层构件），然后再复制到其他楼层，进行增加、删除构件修改操作。

建模流程：①属性定义（构件名称、构件尺寸等）；②绘制图形，依据蓝图将所有需计算的构件回执号；③套取构件所需要计算项目的清单（定额）。

【任务拓展】

请完成 A 办公楼原始图纸的分图以及图纸钢筋符号的转化。

在线测试

任务 2　工程设置

【学习目标】

1. 掌握建筑施工图、结构施工图总说明的识读与信息提取。
2. 掌握鲁班钢筋软件中工程设置的基本规则和方法。

视频 2-1

【任务导引】

1. 识读 A 办公楼建筑施工图和结构施工图总说明，提取相关配筋的重要信息。
2. 根据图纸总说明，在鲁班钢筋软件中填写工程概况、楼层设置、锚固设置、计算设置、标高设置、箍筋设置等相关信息。

2.1　A 办公楼图纸总说明识读

识读 CAD 图纸中的 A 办公楼结构施工总说明，进行结构设计说明重点标记，在这里可以用 CAD 矩形快捷命令 rec。

标记时重点提取与钢筋相关的信息，该部分信息对于后期鲁班钢筋建模尤为重要。按图 2-1-1 进行标记。

图 2-1-1

2.2　A办公楼工程设置

打开鲁班钢筋软件,点击"新建工程",如图 2-2-1 所示。

图 2-2-1

根据图纸结构总说明,填写工程概况,点击"下一步",如图 2-2-2 所示。

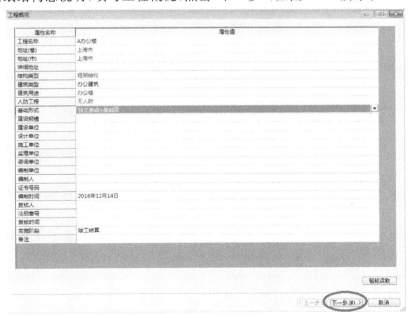

图 2-2-2

选择适用的图集、抗震等级及钢筋长度计算的基本规则，点击"下一步"，如图 2-2-3 所示。

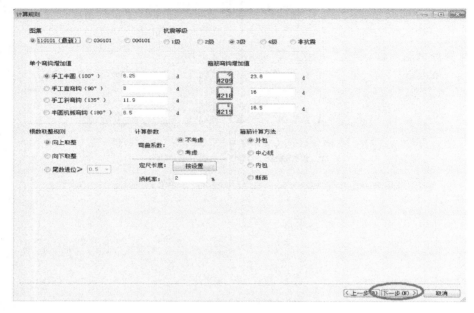

图 2-2-3

进入"工程设置"中的"楼层设置"，选择"转化楼层表"，如图 2-2-4 所示；再选中插入的楼层标高表，如图 2-2-5 所示。

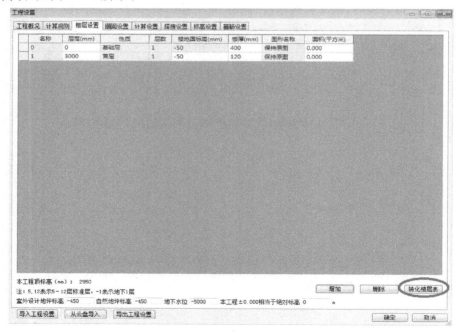

图 2-2-4

图 2-2-5

转化后的楼层设置如图 2-2-6 所示。注意要与土建、安装各专业的楼层设置相同。填写好"室外设计地坪标高"和"自然地坪标高"。

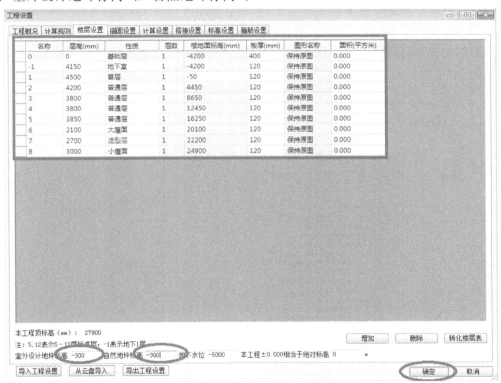

图 2-2-6

对锚固值、搭接系数等进行设置,点击"确定",如图 2-2-7 所示。

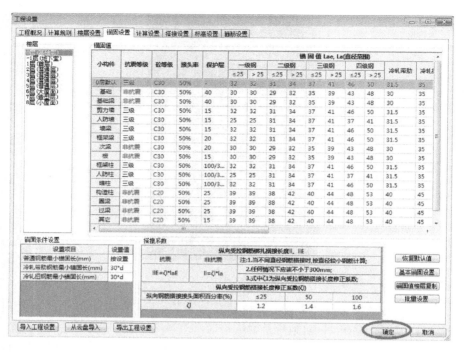

图 2-2-7

按照结构设计总说明，在"计算设置"中调整一些必要的需要修改的计算规则，点击"确定"，如图 2-2-8 所示。

图 2-2-8

根据结构总说明中钢筋搭接情况,设置"搭接设置",点击"确定",如图 2-2-9 所示。

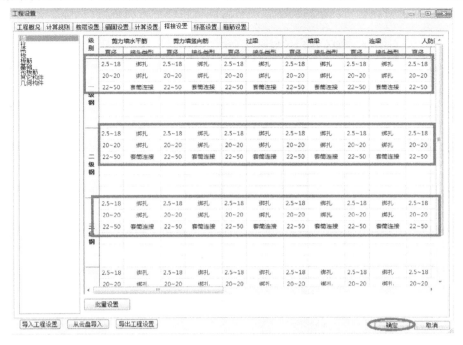

图 2-2-9

在"标高设置"中统一将标高改成"按工程标高"进行建模,点击"确定",如图 2-2-10 所示。

图 2-2-10

箍筋形式可以在"箍筋设置"中进行预设置,也可以按默认方式进行建模,点击"确定",如图 2-2-11 所示。

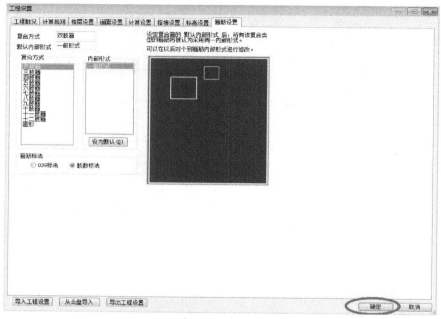

图 2-2-11

2.3 工程设置的注意点

工程设置的注意点如表 2-3-1 所示。

表 2-3-1

注意点	软件操作
图集选择	11G/16G
箍筋计算方法	外包
抗震等级	根据图纸设置
定尺长度	电渣压力焊、锥螺纹、套管挤压等接头以"个"计算。预算书中,底板、梁暂按每 8m 长 1 个接头的 50% 计算,柱按自然层每根钢筋 1 个接头计算。结算时应按钢筋实际接头个数计算
楼层设置	如果有错层,和土建统一楼层高度,进行二次结构的协调
锚固设置	根据图集规范设置
搭接设置	根据图纸和现场确定
计算设置	根据规范设置
软件版本	2017V26.2.1.0

【任务拓展】

请认真识读 A 办公楼建筑施工图和结构施工图，并正确完成 A 办公楼的各项工程设置。

在线测试

任务3 轴网的创建

【学习目标】

1.掌握手动创建直线轴网、弧形轴网。

2.掌握轴网的CAD转化及修改。

【任务导引】

1.轴网创建任务包含直线轴网与弧形轴网,其主要是通过手动创建的方式创建该工程的轴网。

2.A办公楼工程的轴网通过CAD转化的方式生成轴网。

3.1 新建、修改轴网

视频 3-1

3.1.1 直线轴网

1.创建直线轴网

鼠标左键单击"直线轴网"图标 ⌗ 直线轴网 →0,弹出如图3-1-1所示对话框。

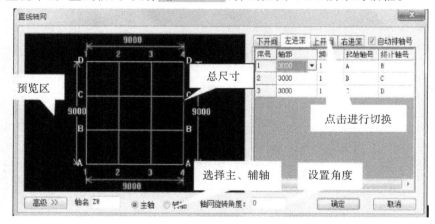

图 3-1-1

左键单击"高级"选项,弹出轴网的高级设置界面,如图3-1-2和图3-1-3所示。各选项设置内容说明如表 3-1-1 和表 3-1-2 所示。

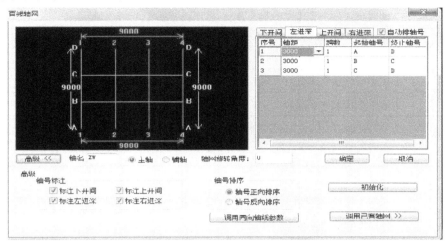

图 3-1-2

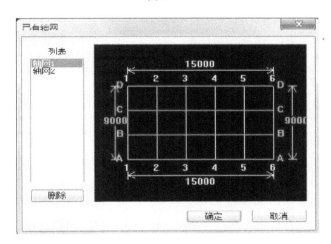

图 3-1-3

表 3-1-1

选项	说明
预览区	显示直线轴网随输入数据的改变而改变,"所见即所得"
上开间、下开间	图纸上方标注轴线的开间尺寸、图纸下方标注轴线的开间尺寸
左进深、右进深	图纸左方标注轴线的进深尺寸、图纸右方标注轴线的进深尺寸
自动排轴号	根据起始轴号,自动排列其他轴的轴号。例如,上开间起始轴号为 s1,上开间其他轴号依次为 s2,s3,…
轴名	可以对当前的轴网进行命名,如 zw1,zw2 等。构件会根据轴网名称自动形成构件的位置信息
主轴、辅轴	主轴,对每一楼层都起作用;辅轴,只对当前楼层起作用。例如,在前层布置辅轴,其他楼层不会出现这个辅轴

续表

高级	轴网布置进一步操作的相关命令,具体说明见表 3-1-2
轴网旋转角度	输入正值,轴网以下开间与左进深第一条轴线交点逆时针旋转 输入负值,轴网以下开间与左进深第一条轴线交点顺时针旋转
确定	各个参数输入完成后可以点击"确定"退出直线轴网设置界面
取消	取消直线轴网设置命令,退出该界面

注:将"自动排轴号"前面的钩去掉,软件将不会自动排列轴号,您可以任意定义轴的轴号。

表 3-1-2

选项	说明
轴号标注	共四个选项,如果不需要某一部分的标注,单击鼠标左键将其前面的"√"去掉
轴号排序	可以使轴号正向或反向排序
调用同向轴线参数	如果上、下开间(左、右进深)的尺寸相同,输入下开间(左进深)的尺寸后,切换到上开间(右进深),左键单击"调用同向轴线参数",上开间(右进深)的尺寸将拷贝下开间(左进深)的尺寸
初始化	相当于删除本次设置的轴网。执行该命令后,轴网绘制图形窗口中的内容被全部清空
调用已有轴网	左键单击,可以调用以前的轴网并进行编辑
浮动轴号	如果将图形放大,看不到轴网的轴号时,软件会自动出现浮动的轴号,便于识别操作

2. 修改直线轴网

(1)增加一条轴线。左键单击选中轴网,右键单击要增加的轴线(开间或进深,软件会自动识别),弹出如图 3-1-4 所示快捷菜单。增加的轴线名为 1/ж,如在 C 轴上增加一条开间轴线,则软件会自动将增加的轴线命名为 1/C。

(2)删除一条轴线。左键单击选中轴网,右键单击要删除的轴线(开间或进深,软件会自动识别),标注会自动变化。

(3)添加进深(开间)轴线。在进深(开间)方向使用鼠标单击增加一条轴线(开间或进深,软件会自动识别),软件会自动增加分轴号标注。

(4)删除一段轴线。鼠标单击选中开间(进深)内轴线(开间或进深,软件会自动识别),鼠标右键单击删除。

(5)在直线轴网中,修改轴网的数据。双击已建好的轴网,进入轴网编辑状态,可对已建好的轴网数据进行修改。

3.1.2 弧形轴网

创建弧形轴网:鼠标左键单击"弧形轴网"图标 ,弹出如图 3-1-5 所示对话框。各选项设置内容说明如表 3-1-3 所示。

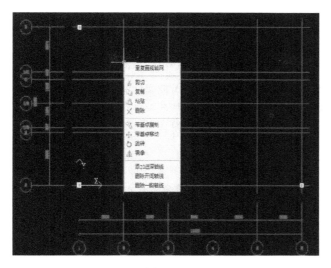

图 3-1-4

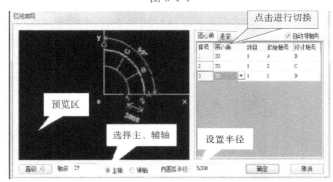

图 3-1-5

表 3-1-3

选项	说明
预览区	显示弧形轴网随输入数据的改变而改变,"所见即所得"
圆心角	图纸上某两条轴线的夹角
进深	图纸上某两条轴线的距离
高级	轴网布置进一步操作的相关命令,具体说明见表 3-1-4
内圆弧半径	坐标轴 X 与 Y 的交点 O 与从左向右遇到的第一条轴线的距离
主轴、辅轴	同直线轴网
确定	各个参数输入完成后可以点击"确定"退出弧形轴网设置界面
取消	取消弧形轴网设置命令,退出该界面

左键单击"高级"选项,弹出弧形轴网的高级设置界面。各选项设置内容说明如表 3-1-4 所示。

表 3-1-4

选项	说明
轴号标注	两个选项,如果不需要某一部分的标注,单击鼠标左键将其前面的"√"去掉
轴网对齐	①轴网旋转角度,以坐标轴 X 与 Y 的交点为中心,按起始边 A 轴旋转 ②终止轴线以 X 轴对齐,即 B 轴与 X 轴对齐 ③终止轴线以 Y 轴对齐,即 B 轴与 Y 轴对齐
轴号排序	可以使轴号正向或反向排序
初始化	使目前正在进行设置的轴网操作重新开始,相当于删除本次设置的轴网。执行该命令后,轴网绘制图形窗口中的内容被全部清空
调用已有轴网	操作步骤与直线轴网相同

修改弧形轴网:修改方式与直线轴网的修改方式相同。

3.1.3 辅助轴网

执行 辅助轴线 命令,在"实时控制"工具栏出现 ,可以增加不同形式的辅助轴线。

可绘制直线、三点弧、两点弧、圆心半径夹角弧,绘制完毕后输入轴线的轴号即可,如图 3-1-6所示。

图 3-1-6

增加平行的辅轴:选择辅助轴网的第一点(相对的轴线),选择辅助轴网的第二点(确定增加的轴线的方向),输入偏移距离,再输入轴号即可,如图 3-1-7 和图 3-1-8 所示。

图 3-1-7

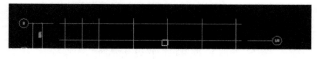

图 3-1-8

3.2 A 办公楼 CAD 导图及轴网转化

视频 3-2

3.2.1 导入图纸

打开鲁班钢筋软件，单击"CAD 转化"命令下的"导入 CAD 图"，如图 3-2-1 所示。

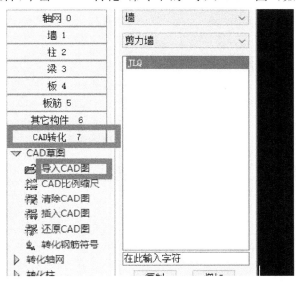

图 3-2-1

本教材均以首层为例进行建模。选中"一层柱配筋图"，然后单击"打开"，如图 3-2-2 所示。

图 3-2-2

选择导入类型为"模型",比例为 1∶1,单击"确定",如图 3-2-3 所示。

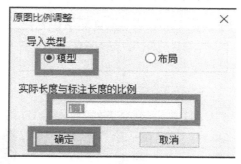

图 3-2-3

图纸导入鲁班钢筋软件后,基点并不在 X、Y 轴的基点,所以要进行移动。单击左侧"移动到(X,Y)坐标"命令,选择"构件移动",输入坐标 0,0,如图 3-2-4 至图 3-2-6 所示。

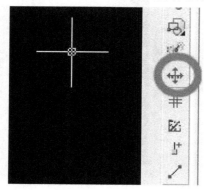

图 3-2-4

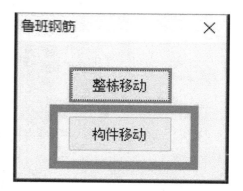

图 3-2-5

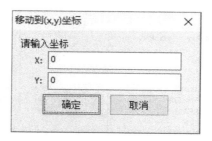

图 3-2-6

移动后的图纸所在位置如图 3-2-7 所示。

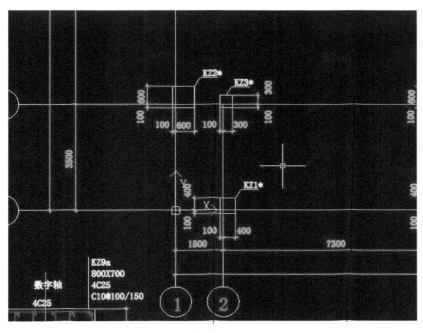

图 3-2-7

3.2.2 转化轴网

鲁班钢筋的一般转化过程要经过提取构件、自动识别构件、转化结果应用三个过程。

第一步,单击软件左侧"CAD 转化"命令下的"提取轴网",弹出"提取轴网"对话框。其分为"提取轴线"和"提取轴符"两项,如图 3-2-8 所示。

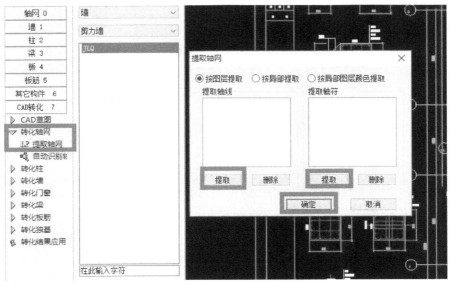

图 3-2-8

提取后的图层颜色如图 3-2-9 所示。

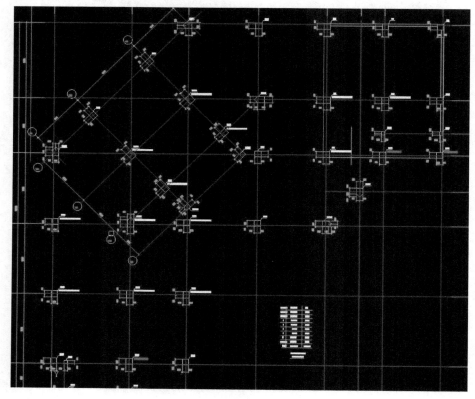

图 3-2-9

提取完成之后的轴线图层和轴符图层如图 3-2-10 所示,之后单击"确定"。

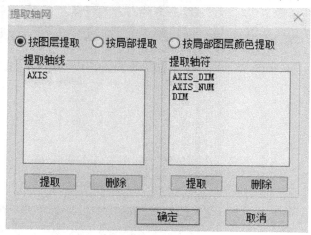

图 3-2-10

第二步,点击"CAD 转化"命令下的"自动识别轴网",选择"识别为主轴网",单击"确定",如图 3-2-11 所示。

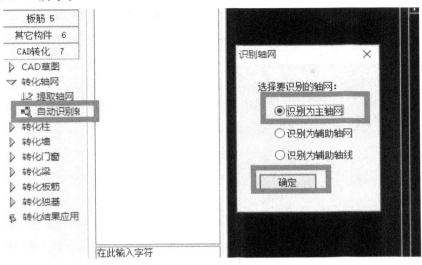

图 3-2-11

第三步,点击"转化结果应用",选择需要生成的构件为"轴网",并勾选"删除已有构件",单击"确定",如图 3-2-12 所示。

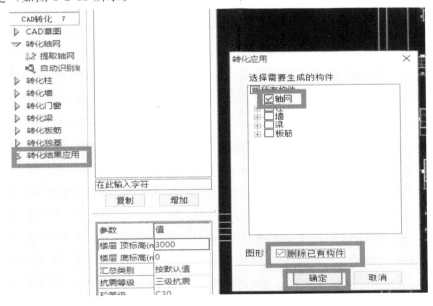

图 3-2-12

至此,完成转化轴网操作。取消勾选右侧构件显示控制栏中的"CAD 图层",可以看到转化后的轴网,如图 3-2-13 所示。

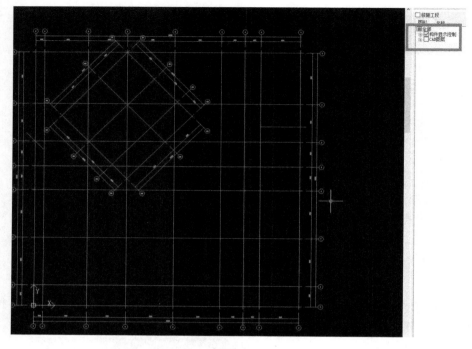

图 3-2-13

【任务拓展】

1.某建筑共 50 层,其中首层地面标高为±0.000,首层层高 6.0 米,第二至第四层层高 4.8 米,第五层及以上层高均为 4.2 米。请按要求建立项目标高,并按照以下平面图中的轴网要求绘制项目轴网。最终结果以"标高轴网"为文件名保存。

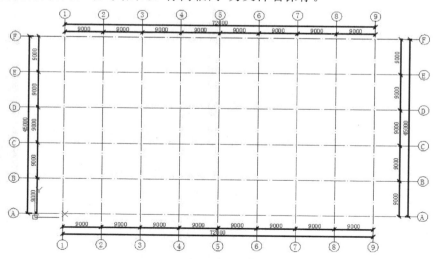

1-5层轴网布置图 1:500

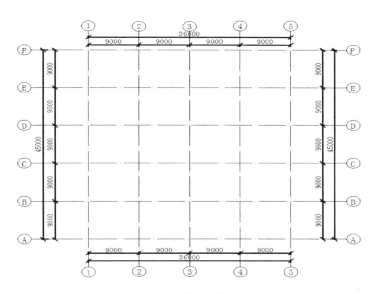

6层及以上轴网布置图　1：500

2. 请按照以下平面图中的轴网要求绘制项目轴网。最终结果以"弧形轴网"为文件名保存。

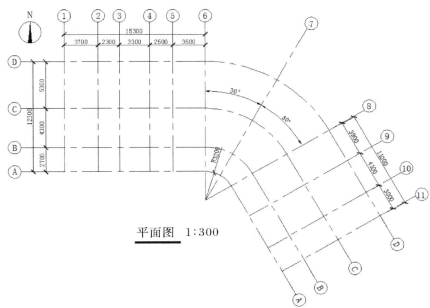

平面图　1：300

3. 请完成 A 办公楼轴网的创建。

在线测试

任务 4　柱钢筋建模

【学习目标】

1. 掌握各类柱子的属性定义以及布置。
2. 掌握柱子的 CAD 转化以及修改。

【任务导引】

1. 某综合用房工程中有多种矩形框架柱、圆形框架柱、暗柱,要求通过常规断面柱和自定义断面柱设置柱属性定义,手动完成首层柱的属性定义和布置。
2. A 办公楼工程首层柱平面配筋图通过 CAD 提取→识别→转化的方式生成柱,再转化柱大样图进行柱属性定义,修改柱截面配筋信息。

4.1　柱属性定义及布置

视频 4-1

4.1.1　柱属性定义

点击属性界面"柱"按钮切换到"柱","构件列表"中选择"框架柱",内容包括"截面""四角筋""B 边中部筋""H 边中部筋""箍筋""B 向拉筋""H 向拉筋"。注:在"箍筋"一栏中可输入内外不同箍筋的直径,如图 4-1-1 所示。

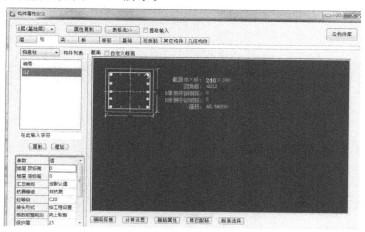

图 4-1-1

在"构件列表"下拉选择柱"大类"之下不同的"小类"构件类型,如图 4-1-2 所示。

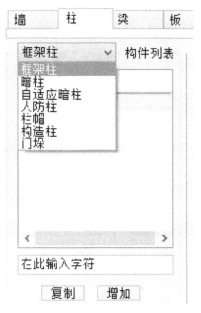

图 4-1-2

暗柱的"构件属性定义"界面,如图 4-1-3 所示。

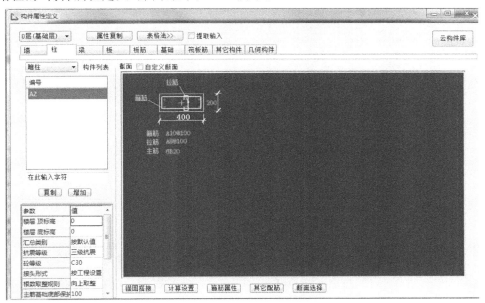

图 4-1-3

单击"截面"对话框除数字以外的任何区域,弹出柱断面选择框,如图 4-1-4 所示,选择相应的暗柱形状。

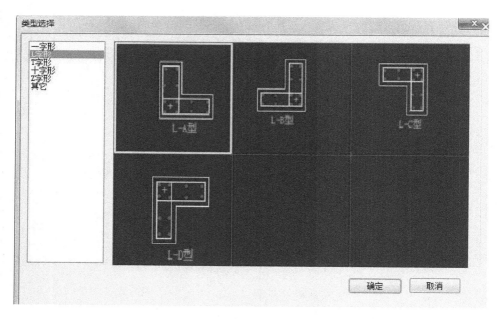

图 4-1-4

说明：

（1）在输入柱配筋时，在钢筋前加 * 表示将钢筋在本层弯折，弯折长度可以在"计算设置"中设置，如图 4-1-5 所示。

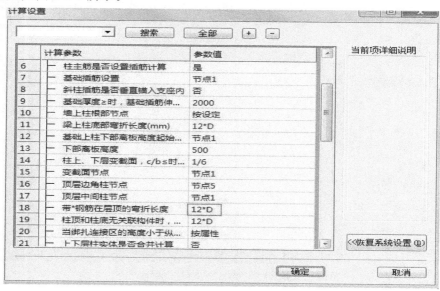

图 4-1-5

输入的格式为：N * D。

（2）在输入柱配筋时，在钢筋前加♯表示将钢筋设为角柱或边柱的边侧钢筋，计算按边柱要求，如图 4-1-6 所示。

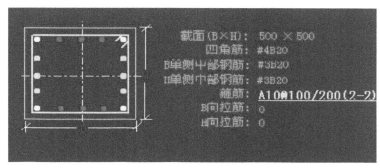

图 4-1-6

（3）梁柱节点区箍筋设置，支持多种输入格式，如 C8/C6@150（4-4）、根数＋级别＋直径。

（4）箍筋支持加密区和非加密区区分设置，如图 4-1-7 所示。

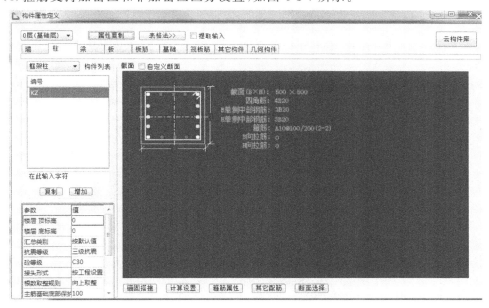

图 4-1-7

自适应暗柱的"构件属性定义"界面，如图 4-1-8 所示。

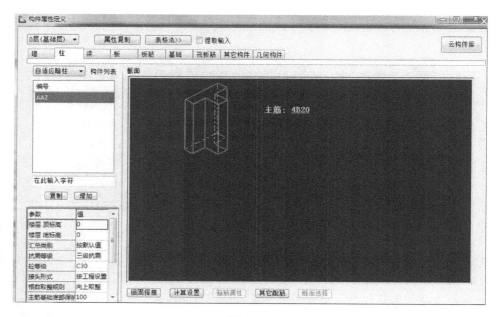

图 4-1-8

主筋:点击"截面"对话框中的"主筋",输入该暗柱的主筋根数及规格,格式为:根数级别直径。

其他配筋:点击"截面"对话框中的"其他配筋",软件弹出"自定义箍筋"对话框,如图 4-1-9所示。

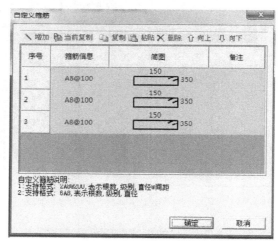

图 4-1-9

说明:

(1)增加:点击"增加",软件根据默认的钢筋增加一根箍筋,左键双击"钢筋信息""简图"可对其进行更改。"钢筋信息"的格式为:级别直径@间距。"简图"的输入方式同单根法。备注中可以修改备注信息。

（2）复制：选择要复制的钢筋，点击"复制"，软件将增加一根与所选钢筋形状一样的钢筋。

（3）删除：选择要删除的钢筋，点击"删除"，软件将把该钢筋删除掉。

（4）向上：选择要向上的钢筋，点击"向上"，软件将把该钢筋依次向上移动。

（5）向下：选择要向下的钢筋，点击"向下"，软件将把该钢筋依次向下移动。

3. 构造柱

构造柱的"构件属性定义"界面，如图 4-1-10 所示。

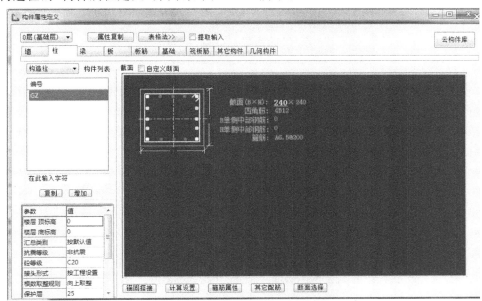

图 4-1-10

柱的计算设置说明：

（1）顶层边角柱计算设置：顶层边角柱里面增加一个节点图（根据 Hc 值判断边角钢筋的弯直锚），如图 4-1-11 所示。

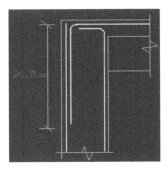

图 4-1-11

（2）在 16G 状态下变截面节点处计算设置：下一层钢筋弯钩长度改为 12 * D；上一层钢筋伸入下层 1.2 * Lae，如图 4-1-12 所示。

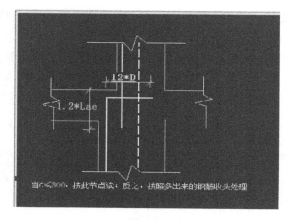

图 4-1-12

（3）拉筋计算公式：(B－2BHc＋2d、B－2BHc)，支持自由输入。

（4）在 16G 状态下墙上柱节点计算设置：墙上柱插筋直段长度改为 1.2 ∗ Lae；墙上柱插筋弯钩长度为 150，如图 4-1-13 所示。

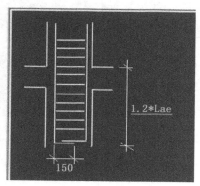

图 4-1-13

（5）在 16G 状态下柱帽计算逻辑：斜向钢筋伸入板中直线长度≤Lae，弯折长度为 15D；直向钢筋必须弯折，长度为 15D。

（6）嵌固部位楼层设定设置：可下拉选择 0、0＋1、1；并支持自由输入（输入楼层号必须与楼层设置相对应，两层或两层以上用"＋"连接），如图 4-1-14 所示。

	参数	值
	□ 公共部分	
1	嵌固部位设定	0+1
2	合并相同钢筋	按设置
3	左上角钢筋是否为高桩	否
4	柱插筋读取构件厚度方式	按设定
5	箍筋最小保护层(mm)	15

图 4-1-14

（7）在 16G 状态下，基础插筋底部弯折长度逻辑调整：hj≤Lae，弯钩长度为 15D；hj＞Lae，弯钩长度为 Max(6D，150)。

（8）如图 4-1-14 所示新增计算设置公共部分第三条左上角钢筋是否为高桩，下拉选择是或者否。

柱插筋(框架柱、暗柱、自适应暗柱、人防柱)说明:

(1)框架柱计算设置第 7 条:基础插筋设置,单击"可选择节点图",如图 4-1-15 所示。

(2)暗柱计算设置第 7 条:基础插筋设置,单击"可选择节点图",如图 4-1-16 所示。

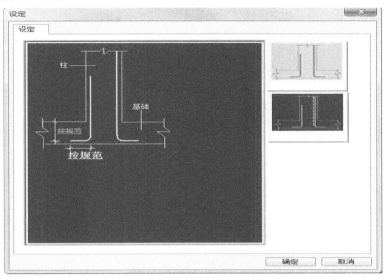

图 4-1-15

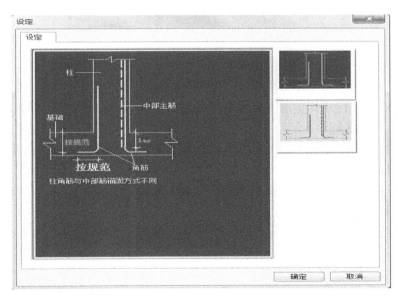

图 4-1-16

图 4-1-16 所示节点表示角筋与中部筋计算方法不同。

4.1.2 柱的布置

鼠标左键单击左边的"构件布置栏"中的"柱"图标,展开后的具体命令包括"点击布柱""智能布柱""自适应暗柱""偏心设置""边角柱识别""边角柱设置""点击布柱帽""智能布柱帽""设置斜柱",如图 4-1-17 所示。

图 4-1-17

1. 点击布柱

(1)鼠标左键单击"构件布置栏"中的"柱"图标,选择"点击布柱"图标,"属性定义栏"中选择"框架柱"或"构造柱"及相应柱的种类,光标由"箭头"变为"十"字形,再到绘图区内点击相应的位置,即可布置柱。

①单击"点击布柱"在活动布置栏内弹出 □放置后旋转 图 图 口 ,在 □放置后旋转 前加"√"即可通过光标对柱子进行角度选择布置。

②单击"点击布柱"在活动布置栏内弹出 □放置后旋转 图 图 口 ,点击 图 即可对布置的柱子图形进行水平镜像,然后点击"布置"。

③单击"点击布柱"在活动布置栏内弹出 □放置后旋转 图 图 口 ,点击 图 即可对布置的柱子图形进行垂直镜像,然后点击"布置"。

④单击"点击布柱"在活动布置栏内弹出 □放置后旋转 图 图 口 ,点击 口 (或按 Tab键)即可对布置的柱子图形进行插入点切换。

⑤布置柱子时,按 Tab 键可切换柱子布置点。

(2)可利用带基点移动、旋转、相对坐标绘制等命令绘制与编辑单个柱的位置。

（3）单击某个柱选择"工具栏"中的 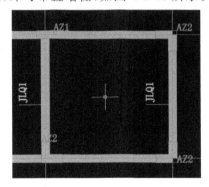 旋转按钮，然后用鼠标左键确定旋转基点，旋转至指定位置，单击右键或按回车键确定。

（4）在"工具栏"中的 转角按钮，单击某个柱，再单击右键确定，在弹出的"转角设置"对话框中设置转角的角度，完成柱的旋转。

（5）其他的操作与剪力墙的操作方法相同。

2. 暗柱

（1）根据剪力墙的不同形式，定义好不同的暗柱，如 L-A、L-C、T-C 等。

①单击"点击布柱"后在活动布置栏内弹出 **放置后旋转** ，在 **放置后旋转** 前加"√"即可通过光标对放置后柱子进行角度旋转。

②单击"点击布柱"后在活动布置栏内弹出 **放置后旋转** ，单击 即可对布置的柱子图形进行水平镜像，然后点击"布置"。

③单击"点击布柱"后在活动布置栏内弹出 **放置后旋转** ，单击 即可对布置的柱子图形进行垂直镜像，然后点击"布置"。

④单击"点击布柱"，在活动布置栏内弹出 **放置后旋转** ，单击 （或按 Tab键）即可对布置的柱子图形进行插入点切换。

（2）鼠标左键单击"构件布置栏"中的"柱"按钮，选择"点击布柱"图标，"属性定义栏"中选择"暗柱"，根据剪力墙的具体形式选择相应暗柱，光标由"箭头"变为"十"字形，再到绘图区内点击相应剪力墙的位置，即可布置暗柱，如图 4-1-18 所示。

图 4-1-18

（3）根据剪力墙的不同形式，定义好不同的暗柱，如 L-A、L-C、T-C 等，具体参见暗柱属性定义中的内容。

（4）墙柱布置好以后，可以使用"偏移对齐"命令 ，将柱与墙对齐或墙与柱对齐。

（5）墙柱布置好以后，可以使用"端部调整"命令 ，调整柱端头的位置。

①柱的端头调整是针对暗柱而言的。

②单击柱子端头调整命令 $\overline{\Box}$ ，再单击所要进行端头调整的柱子即可，如图 4-1-19 和图 4-1-20 所示。

图 4-1-19

图 4-1-20

（6）其他的操作与剪力墙的操作方法相同。

3. 构造柱

布置构造柱的方法与布置框架柱的方法相同，请参见布置框架柱，如图 4-1-21 所示。

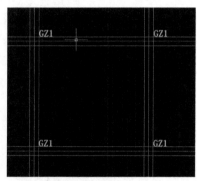

图 4-1-21

（1）构造柱非连接区高度、箍筋加密区高度按 16G101 默认设置。

（2）构造柱支持底部与顶部构造节点选择。

（3）构造柱判定与圈梁关系设置箍筋加密。

（4）构造柱判定与梁（非圈梁）的关系设置是否本层贯通（及是否计算插筋），如图 4-1-22 所示。

图 4-1-22

4.人防柱

布置人防柱的方法与布置框架柱的方法相同。

人防柱的定义方式有常规断面定义和自定义断面定义两种。若选择常规断面定义,则在图标 □自定义断面 内取消勾选,然后进行常规断面定义。若选择自定义断面定义,则在图标 ☑自定义断面 内勾选,然后可以对人防柱进行断面配筋的自由绘制及配筋,如图 4-1-23 所示。自定义断面具体步骤如下:

(1)用图标 ◇ 绘制断面,然后单击 田 □ 田 把其全部纵筋都添加进去,中部筋可以转化成角筋,用图标 田 来替换成角筋(目的是打断中部线)。

(2)多余的钢筋可以用 Delete 键删除。

(3)用"分布筋"图标 ✐ 来绘制非常规矩形的箍筋,如图 4-1-23 中的箍筋,箍筋端部伸出长度可以用 Shift 键绘制,然后单击此箍筋,伸出长度可以进行任意定义。

(4)纵筋级别、直径等配筋需要修改,就用"配筋修改"图标 ▦ 进行修改。

(5)图 4-1-23 中公式里的变量值,是与计算规则中的箍筋计算方法联动的。

(6)如果断面内部有中部筋(也就是类似芯柱),那么可以先对其断面进行中部线的添加 ✐(反过来也可对其中部线进行删除)。

(7)出现梯形或者倒梯形断面柱,上下边中部筋间距相等(也就是需要绘制矩形箍筋),那么就需要对其中部筋操作对齐命令 ▦。

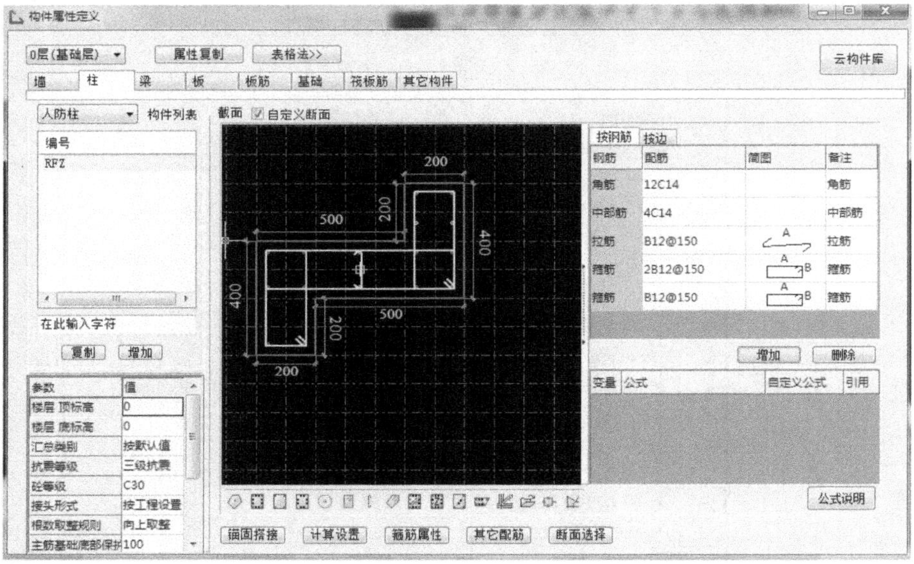

图 4-1-23

(8)快速定义人防柱也是支持“CAD 转化”“导入 CAD”的。

(9)对其断面尺寸定义方式进行调整，可以选择“按边长度”和“按点坐标”来标注断面，如图 4-1-24 所示。

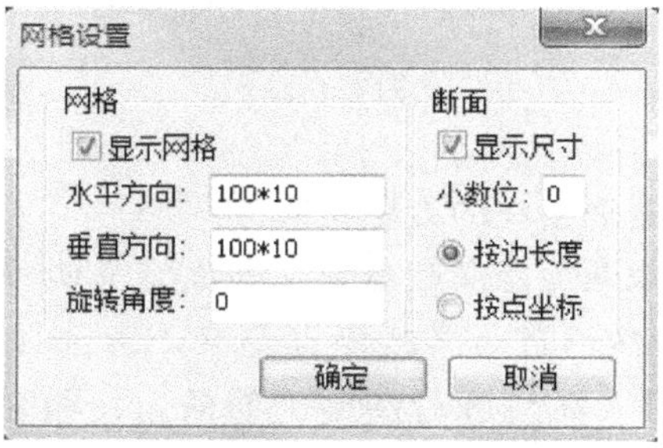

图 4-1-24

(10) 自动捕捉自定义断面各角点及属性内布置点，布置时按 Tab 键可自由切换。

5.门垛

布置门垛的方法与布置框架柱的方法相同。

6. 智能布柱

鼠标左键单击“构件布置栏”中的“智能布柱”图标，在“活动布置栏”中出现 轴网 构件 ，单击鼠标左键选择智能布置柱的方式。

(1)轴网布柱：单击“轴网”光标由“箭头”变为“■”字形，再到绘图区内框选轴线交点，被选中的轴线交点即可布置指定的柱。

注：柱默认自动按轴网角度布置，如图 4-1-25 所示。

(2)构件布柱：单击“构件”活动布置栏出现 梁交点 墙交点 ，可以选择不同的布置柱子的

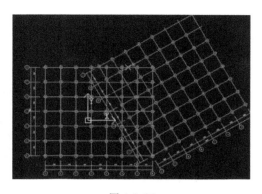

图 4-1-25

方法。

①选择 ⊙梁交点，光标由"箭头"变为"□"字形，再到绘图区内框选梁与梁交点，被选中的梁与梁交点即可布置指定的柱。

②选择 ○墙交点，光标由"箭头"变为"□"字形，再到绘图区内框选墙与墙交点，被选中的墙与墙交点即可布置指定的柱。

7. 自适应暗柱

自适应暗柱可作为一个单独的小类存在。

单击"自适应暗柱"，框选布置暗柱的剪力墙，软件自动弹出"输入长度"对话框，对应图上红线延伸的墙肢。如图 4-1-26 所示。

图 4-1-26

依次输入暗柱的长度。暗柱形状沿墙走，可以为任意形状。

若剪力墙为"F"字形的，暗柱将自动识别为"F"字形暗柱；若剪力墙为"十"字形的，暗柱将自动识别为"十"字形暗柱，如图 4-1-27。

图 4-1-27

在自适应暗柱属性定义中可添加钢筋，如图 4-1-28 所示。

主筋：单击截面中的"主筋"，输入该暗柱的主筋根数及规格，格式为根数级别直径。

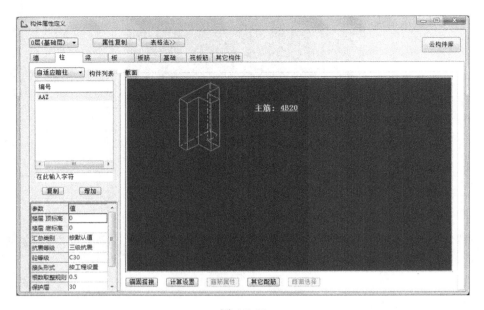

图 4-1-28

其他配筋:单击截面中的"其他配筋",软件弹出"自定义箍筋"对话框,如图 4-1-29 所示。

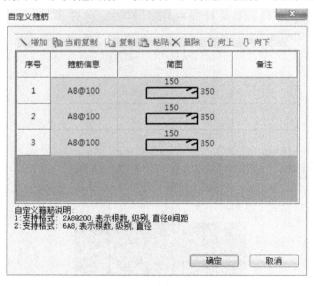

图 4-1-29

说明:

(1) ＼增加:单击"增加",软件根据默认的钢筋增加一根箍筋,左键双击"钢筋信息""简图"可对其进行更改。"钢筋信息"的格式为:级别,直径@间距。"简图"的输入方式同单根法。

(2) 当前复制:选择要复制的钢筋,单击"当前复制",软件将增加与所选钢筋一样的钢筋。

(3) 复制 粘贴:选择要复制的钢筋,单击"复制",再单击"粘贴",软件将增加与所选钢筋一样的钢筋。(注:此命令可进行各类构件"其他配筋"复制)

（4）删除：选择要删除的钢筋，单击"删除"，软件将该钢筋删除掉。

（5）向上：选择要向上的钢筋，单击"向上"，软件将该钢筋依次向上移动。

（6）向下：选择要向下的钢筋，单击"向下"，软件将该钢筋依次向下移动。

自适应暗柱的其他设置同一般暗柱的设置。

8. 柱的偏心设置

第1步：单击"偏心设置"命令 偏心设置 ↓3，弹出如图 4-1-30 所示浮动对话框，默认的内容为空。

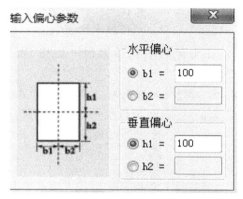

图 4-1-30

第2步：选择要偏移的柱，可多选，此命令状态下只能选择矩形框架柱。

第3步：单击鼠标右键（确定），选中的矩形构件一起根据输入的值偏位。此时浮动框仍然存在——可重复第2步的操作。

第4步：第2次单击右键取消该命令。

9. 边角柱识别

边角柱识别的前提是该建筑物外围构件能形成闭合形式。例如，在只有柱存在而无其他构件的情况下无法识别到角柱、边柱。

第1步：单击边角柱识别命令 边角柱识别 ↖5，软件会自动进行识别，并弹出如图 4-1-31 所示对话框。

图 4-1-31

第2步：单击"确定"完成。

第3步：识别后显示为黄色。如图 4-1-32 所示。

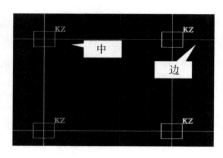

图 4-1-32

10. 边角柱设置

当自动识别后的边柱、角柱不能满足实际工程中边柱、角柱时，可以自由设定边柱、角柱。

第 1 步：单击边角柱设定命令 ![]边角柱设置 ✓6 ，此时鼠标会变成"□"字形。

第 2 步：选择所要进行设定的柱子（也可以框选），选择后弹出如图 4-1-33 所示对话框。

图 4-1-33

第 3 步：单击"确定"完成该命令操作。

11. 设置斜柱

单击"设置斜柱"命令对已布置的柱子进行斜柱设置，如图 4-1-34 所示，按照不同的调整方式以调整偏斜角度。

12. 柱表、暗柱表

利用柱表功能可以一次性将所有柱的相关信息输入完成，执行"属性"→"柱表"/"暗柱表"，弹出如图 4-1-35 所示对话框。对话框中各命令说明如表 4-1-1 所示。

表 4-1-1

命令	说明
增加柱	增加不同类型的柱，如果先单击某一根柱，再执行该命令，相当于复制该类型柱
删除柱	删除多余或错误的柱
增加柱层	不同楼层有相同名称、不同截面的柱，可以使用柱层的方法，如图 4-1-35 中的 KZ2
删除柱层	只能删除已经增加的柱层中的柱
柱表应用	可以将输入完成的柱的信息一次性地应用到柱的属性定义中
同名称柱属性覆盖	当打"√"时，应用柱表将覆盖属性定义中同名称柱的属性；反之则以增加形式出现

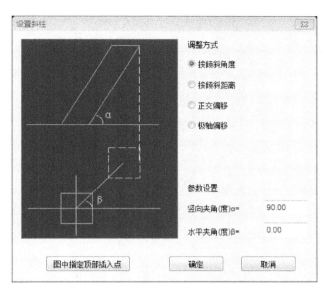

图 4-1-34

柱名称	标高(m)	所属楼层	矩形柱b*h圆...	全部纵筋	四角筋	b边钢筋	h边钢筋	箍筋	肢数
KZ1	KZ1默认值		500*500	12B20	4B16	3B16	3B16	A8-200	4*4
	KZ2默认值		500*500	12B20	4B16	3B16	3B16	A8-200	4*4
	0.000~3.000	1	[500*500]		[4B16]	[3B16]	[3B16]	[A8-200]	[4*4]
	3.000~6.000	2	[500*500]		[4B16]	[3B16]	[3B16]	[A8-200]	[4*4]
	6.000~9.000	3	[500*500]		[4B16]	[3B16]	[3B16]	[A8-200]	[4*4]
KZ2	9.000~12.000	4	[500*500]		[4B16]	[3B16]	[3B16]	[A8-200]	[4*4]
	12.000~15.000	5	[500*500]		[4B16]	[3B16]	[3B16]	[A8-200]	[4*4]
	15.000~18.000	6	[500*500]		[4B16]	[3B16]	[3B16]	[A8-200]	[4*4]
	18.000~21.000	7	[500*500]		[4B16]	[3B16]	[3B16]	[A8-200]	[4*4]
	21.000~24.000	8	[500*500]		[4B16]	[3B16]	[3B16]	[A8-200]	[4*4]
	KZ3默认值		500*500	12B20	4B16	3B16	3B16	A8-200	4*4
KZ3	0.000~3.000	1	[500*500]		[4B16]	[3B16]	[3B16]	[A8-200]	[4*4]
	3.000~6.000	2	[500*500]		[4B16]	[3B16]	[3B16]	[A8-200]	[4*4]
KZ5	KZ5默认值		500*500	12B20	4B16	3B16	3B16	A8-200	4*4
	0.000~3.000	1	[500*500]		[4B16]	[3B16]	[3B16]	[A8-200]	[4*4]
KZ7	KZ7默认值		500*500	12B20	4B16	3B16	3B16	A8-200	4*4
KZ8	KZ8默认值		500*500	12B20	4B16	3B16	3B16	A8-200	4*4

增加柱(Z)　增加柱层(F)　删除(D)　复制(C)　应用柱表(Y)　☑ 同名称柱属性覆盖　　　CAD转化　关闭

图 4-1-35

可以将输入完成的柱的信息应用到柱/暗柱的属性定义中,如图 4-1-36 所示。

转化柱表,单击柱表中的 **CAD转化** 图标,鼠标变成"口"字形框选,导入图形界面的柱表即可完成柱表转化,如图 4-1-37 所示。

图 4-1-36

图 4-1-37

4.2 A 办公楼 CAD 转化柱

视频 4-3

4.2.1 转化柱

柱子转化分三步。第一步提取柱,分为"提取柱边线"和"提取柱标识",如图 4-2-1 所示。

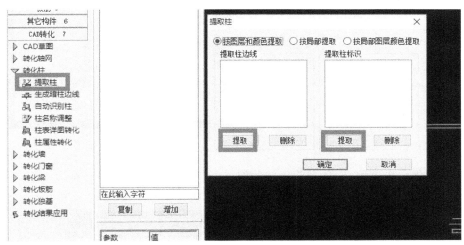

图 4-2-1

提取完成后如图 4-2-2 所示,并单击"确定"。

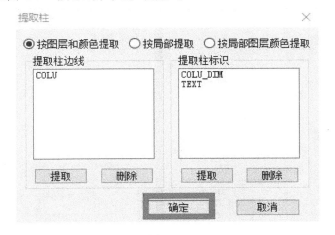

图 4-2-2

第二步自动识别柱,设置构件名称,选择"自定义断面柱",注释中有常规断面柱与自定义断面柱的区别,如图 4-2-3 所示,单击"确定"。

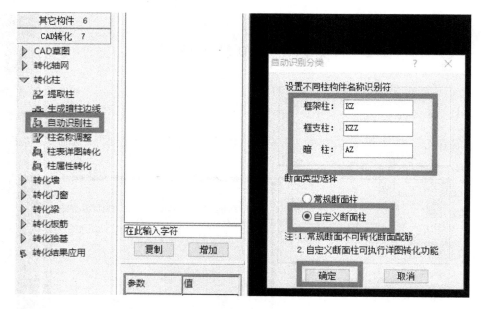

图 4-2-3

第三步转化结果应用,勾选需要生成的构件为"柱",并勾选"删除已有构件",如图 4-2-4 所示。

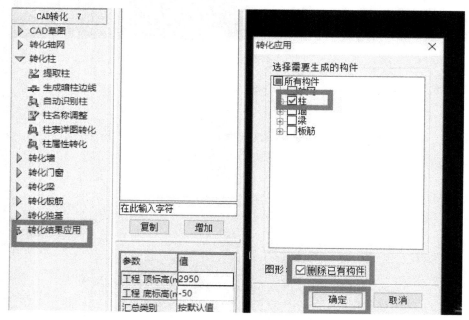

图 4-2-4

转化结果完成后需要将转化的柱子构件与原 CAD 图纸进行校对。这里注意:鲁班钢筋软件转化后有一个识别后的构件图层,在检查转化结果的时候最好将本层关闭,只需核对已提取的 CAD 图层和 CAD 原始图层就可以了,如图 4-2-5 所示。如果遇到转化后的柱子与原图柱子不符的情况,可单击"名称更换"命令进行更换。

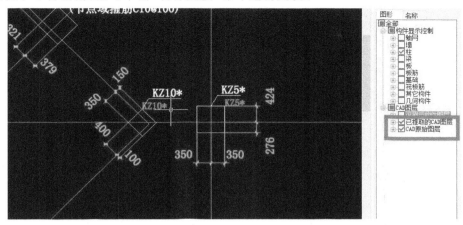

图 4-2-5

4.2.2 手动绘制柱截面配筋

柱子转化完成后,属性定义中只有柱截面尺寸信息,并没有柱截面配筋信息,我们还要对照 CAD 图纸中的柱大样图,对软件中每一个柱截面进行配筋信息修改。

修改完成后的配筋如图 4-2-6 所示。

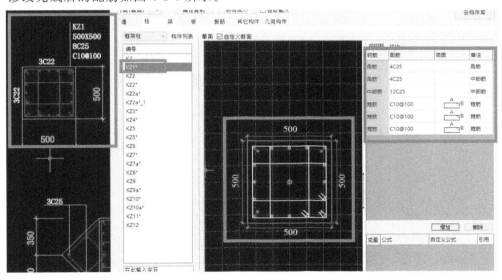

图 4-2-6

这里注意本项目 CAD 图纸中钢筋符号后面有 * 号,代表全柱加密。下面将以 KZ2 为例,讲解手工布置钢筋图的过程。

根据图中 KZ2 的配筋信息,在鲁班钢筋软件中无法将内部的四根钢筋一次生成,可以先单击"全部纵筋"命令,输入全部纵筋信息"24C25",单击"确定",如图 4-2-7 所示,在柱的断面四周便会均匀地生成 24 根直径 25 的主筋。

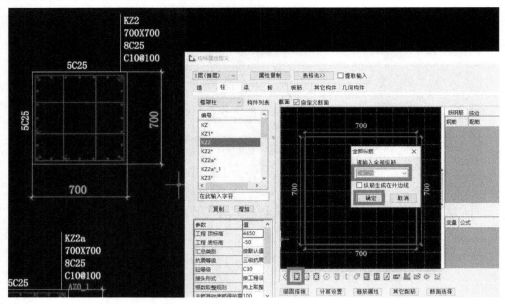

图 4-2-7

然后单击"任意布置钢筋"命令,布置另外四根角筋,如图 4-2-8 所示。

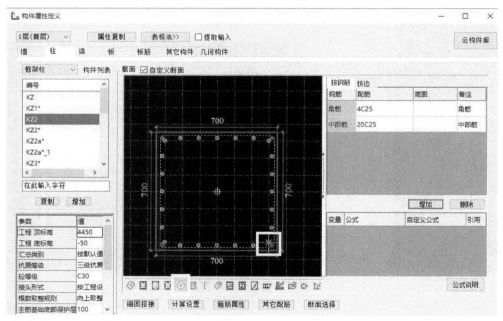

图 4-2-8

布置完成后单击鼠标右键,弹出"配筋属性"对话框,可以看到软件默认生成的钢筋为"中部筋",单击"确定",如图 4-2-9 所示。

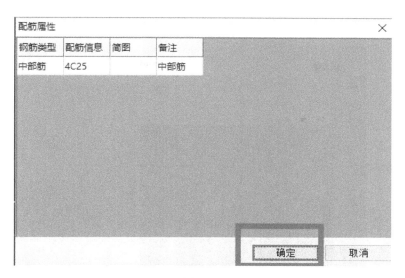

图 4-2-9

单击下部"中部筋转角筋"命令，选中需要转化为角筋的四根钢筋，逐一进行转换，如图 4-2-10所示。

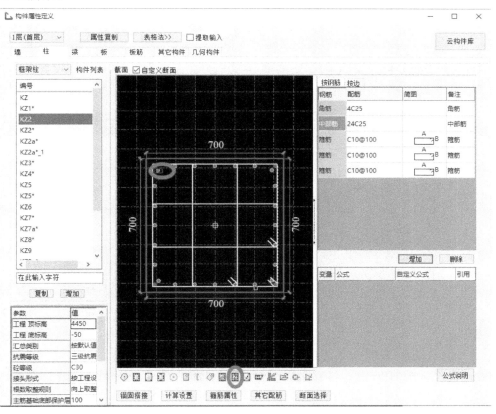

图 4-2-10

接下来布置 KZ2 的箍筋,单击"布置箍筋"命令,然后对照 CAD 图纸,将箍筋布置在图中,如图 4-2-11 所示。

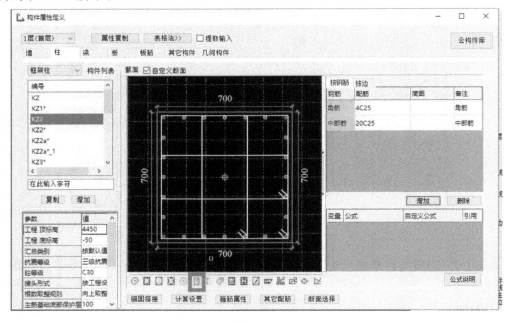

图 4-2-11

单击鼠标右键,弹出"配筋属性"对话框,单击"确定"生成箍筋,如图 4-2-12 所示。

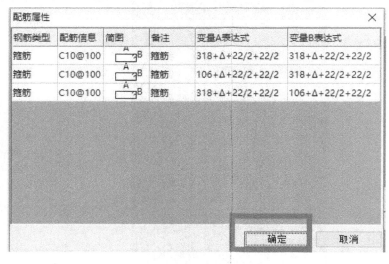

图 4-2-12

完成 KZ2 配筋的修改后,可以对照 CAD 图纸和软件中建好的钢筋图进行对比,如图 4-2-13所示。

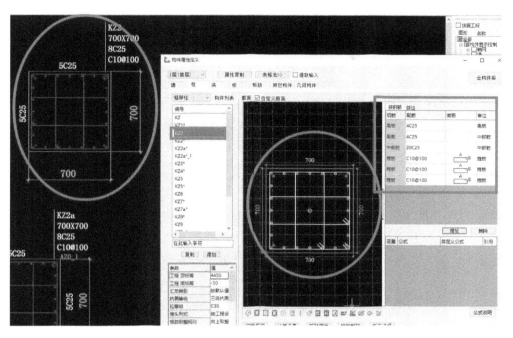

图 4-2-13

4.2.3　CAD 转化柱截面配筋图

对于矩形截面，配筋比较完整的 CAD 图纸，也可以直接进行转化，并对转化后有问题的地方再进行简单修改即可，接下来以 KZ11 * 为例，讲解 CAD 转化配筋图的过程。

首先单击"构件属性定义"中"CAD 转化"命令，如图 4-2-14 所示。

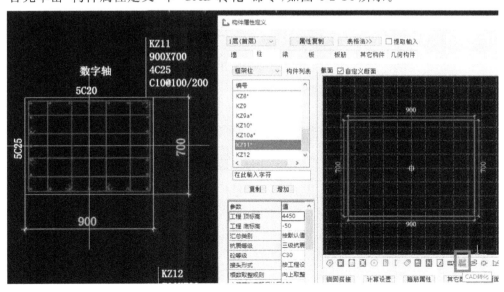

图 4-2-14

接着框选需要转化的柱子,如图 4-2-15 所示。

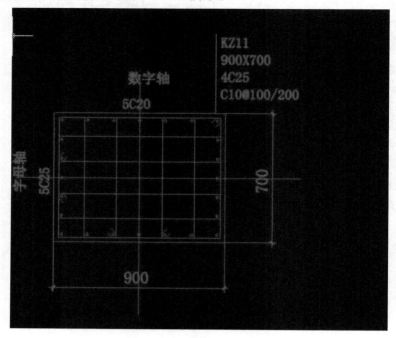

图 4-2-15

然后分别提取边线、钢筋线、标注,如图 4-2-16 所示,并单击"确定",完成提取。

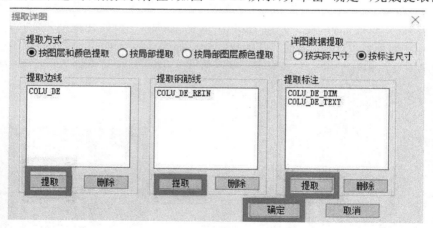

图 4-2-16

转化后的柱截面如图 4-2-17 所示。

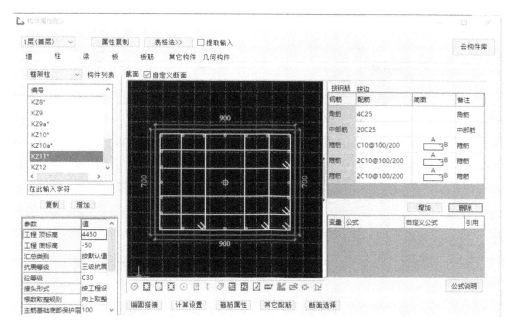

图 4-2-17

检查发现，中部筋与原图不符，需要进行修改，则选中需要修改的钢筋，可手动修改钢筋直径为 20，如图 4-2-18 所示。

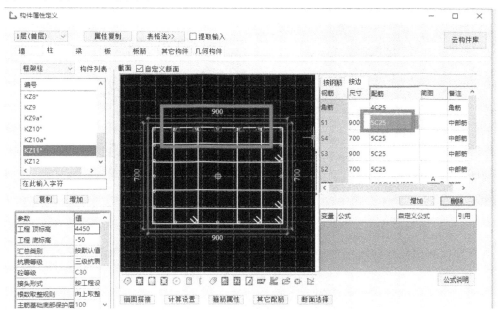

图 4-2-18

因为带 * 的柱子钢筋全柱加密，故将所有的箍筋间距@100/200 改为@100，如图4-2-19所示。

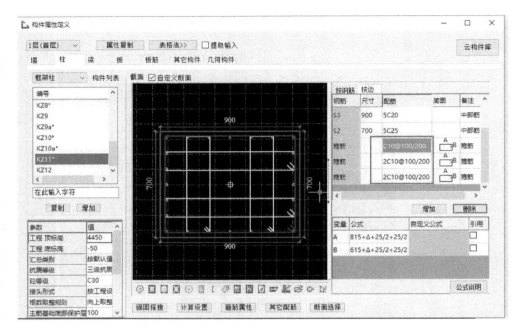

图 4-2-19

通过 CAD 转化后的钢筋图已经修改完成,如图 4-2-20 所示。

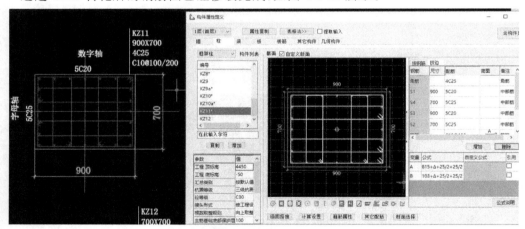

图 4-2-20

当所有钢筋信息均修改完成后,可以看到三维图中的钢筋布置,如图 4-2-21 所示。

图 4-2-21

4.3 柱建模标准及注意事项

4.3.1 建模标准

建模标准如表 4-3-1 所示。

表 4-3-1

构件名称	图纸	命名方式
框架柱	严格按照图纸	KZ1
暗柱	严格按照图纸	AZ1
框支柱	严格按照图纸	KZZ1
构造柱	严格按照图纸	GZ1
门边柱	严格按照图纸	MZ1
人防柱	严格按照图纸	RFZ1
柱帽	严格按照图纸	ZM1

4.3.2 注意事项

（1）转化柱：提取，识别的时候注意自定义和常规断面柱的区别，图纸中如果有多个柱识别符，要用"/"隔开（识别后的图层是玫红色的，可以不用去管，导入一张新的图纸以后可以直接替换掉），转化柱配筋，不能转化的可用单柱转化，若单柱也不能转化，单击"转化结果应用"。

（2）应用以后导入一张新的图纸，隐藏不必要的图层，检查柱定位和名称，发现有配筋没有转化过来的可进行手动配筋（可用到的常用命令：构件名称更换 、更换构件类型 、偏移对齐 、调整标高 、私有属性 。这些命令在后面的墙、梁、基础等构件中也可以使用，后面就不一一提示了）。

【任务拓展】

1. 请根据以下柱大样详图在鲁班钢筋软件中通过自定义断面方式完成柱属性定义。

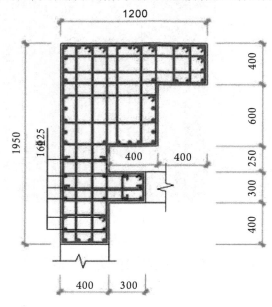

A-YBZ1

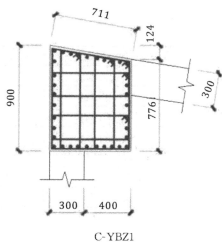

C-YBZ1

2. 完成 A 办公楼二层柱钢筋建模。

在线测试

任务5　墙钢筋建模

【学习目标】

1.掌握各类墙体的属性定义以及布置。

2.掌握墙体的 CAD 转化以及修改。

【任务导引】

1.各类复杂墙体的属性定义及布置。

2.A 办公楼工程地下室一层剪力墙和砖墙属性定义，通过 CAD 转化或手动布置的方式完成 A 办公楼地下室一层墙体的建模。

5.1　墙属性定义

视频 5-1

5.1.1　墙属性设置

单击属性界面"墙"按钮切换到墙，"构件列表"中选择"剪力墙"，如图 5-1-1 所示。

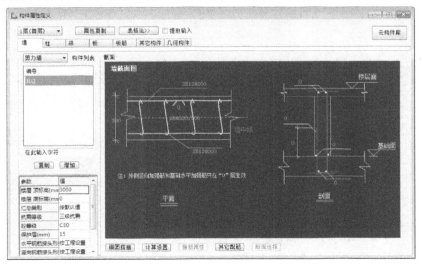

图 5-1-1

提示：

（1）支持 C14/C12－150 的输入方式和计算。起步第一根钢筋为 C14，第二根为 C12，依此类推。

（2）在"构件列表"下拉选择墙"大类"之下选择不同的"小类"构件类型，如图 5-1-2 所示。

图 5-1-2

（3）连续墙水平筋计算关联（水平筋级别、直径、间距相同，连通布置）。

各类墙体钢筋计算设置：

①关联墙水平钢筋节点（面平）。如图 5-1-3 所示。

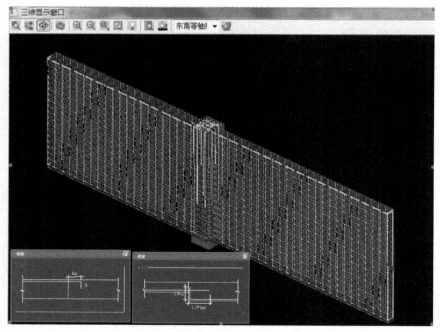

图 5-1-3

②关联墙水平钢筋节点（面不平），如图 5-1-3 所示。

③斜墙的断面属性（支持角度输入，倾斜长度输入），如图 5-1-4 和图 5-1-5 所示。

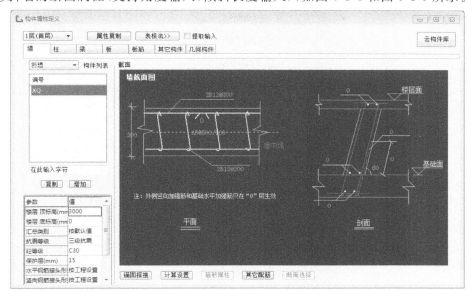

图 5-1-4

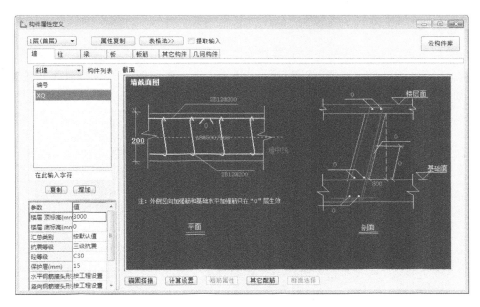

图 5-1-5

5.1.2 墙的布置

鼠标左键单击"构件布置栏"中的"墙"图标，展开后具体命令包括"连续布墙""智能布墙""外边识别""外边设置""墙端纵筋""墙洞""门洞""窗洞""飘窗""暗梁""连梁""洞口布连梁""人防梁""过梁",如图 5-1-6 所示。

图 5-1-6

1. 连续布墙

鼠标左键单击"构件布置栏"中的"连续布墙"图标,光标由"箭头"变为"十"字形,活动布置栏 默认为"直线"状态,还可以选择"三点弧""两点弧""圆心半径夹角弧"绘制方式,如图 5-1-7 所示。

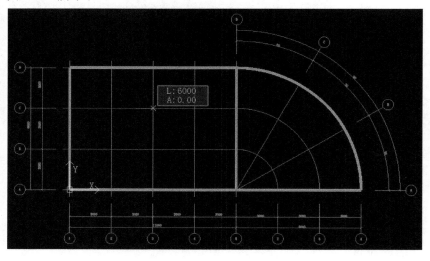

图 5-1-7

布置墙时,在活动布置栏 定位: 左边宽度: 100 可以输入左边宽度,即输入墙的左半边宽度,如图 5-1-7 所示。左半边宽的定义如下:按绘制方向,鼠标指定点(经常是轴线上的点)与墙左边线的距离。

弧形墙的绘制方式:参考轴网中弧线的绘制方式,可以用"三点弧""两点夹角弧""圆心弧"三种方式绘制。绘制完成的弧线墙,不能重新再修改其弧线图形信息。

点加绘制方式:绘制墙提供"点加绘制",即根据方向与长度确定墙的位置,主要用于绘制短肢剪力墙。操作方式:选择"加点绘制"绘制墙体 ☑,然后选择墙体的第一点,单击左键确定,软件自动弹出"输入长度值"对话框,如图 5-1-8 所示。分别输入"指定方向长度"和"反方向长度"的数值。确定后,软件按照用户给定的数值,确定墙体的长度。

图 5-1-8

在绘制时也可以直接输入墙的长度(L 值)和墙的角度(A 值)。例如,绘制带有角度的墙体,如图 5-1-9 所示,可在绘制时输入墙的长度和角度,用 Tab 键切换 L 值和 A 值。

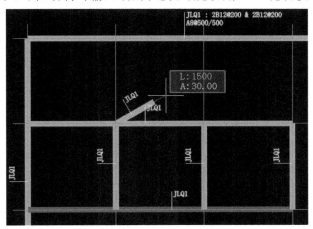

图 5-1-9

正交绘制:F8 或绘图区下方可切换垂直绘制模式,用于限定墙的方向。

布置斜墙时,方法同剪力墙,虚线所在方向为倾斜方向,输入 X 命令可切换倾斜方向。如图 5-1-10 所示。

连续布墙后,如果是同类型的墙体,只有第一个布置的墙体显示配筋情况(其他构件相同),其他墙体只会出现墙体名称,如图 5-1-11 所示。

属性定义,参见剪力墙属性定义。可以先布置构件,也可以先定义属性。

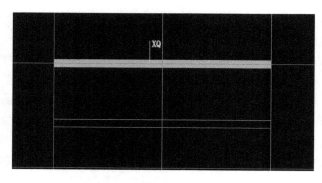

图 5-1-10

图形的修改、编辑:

(1)更换已经定义好的其他类型的墙体,可通过"名称更换" 命令实现,弹出"属性替换"对话框如图 5-1-11 所示。

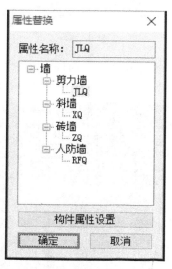

图 5-1-11

(2)墙的属性也可以在图形上用平法标注的命令在图形中直接进行更改。选择 ,然后单击需要更改的墙体,在弹出的对话框中更改构件的属性,如图 5-1-12 所示。

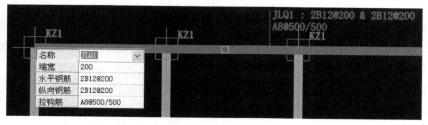

图 5-1-12

(3)单击某一段墙体,墙体两段出现控制点,光标放在任何一个控制点内,可以拉伸、缩短、旋转该构件,如图 5-1-13 和图 5-1-14 所示;同时,为了确保绘制好的墙体不易被误操作修改,也可以设置为不允许拉伸与拖动。

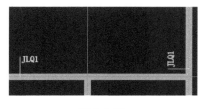

图 5-1-13

图 5-1-14

(4)选中某一段(某些)墙体,可以执行常用工具栏中的"删除""带基点复制""带基点移动""旋转""镜像"等命令,如图 5-1-15 所示为镜像后的图形。

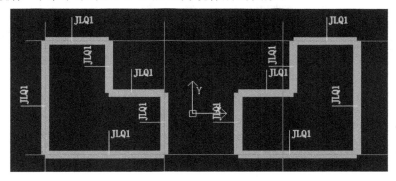

图 5-1-15

(5)选中某一段(按住 Shift 键,可以多选)墙体,也可用直接选取的方式。单击鼠标右键,可以执行右键菜单中的相关命令,如图 5-1-16 所示。

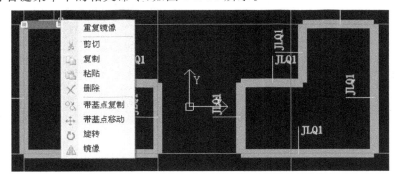

图 5-1-16

注意:
(1)板筋扣墙的判断条件为该钢筋布置方向与梁平行,不平行则不扣减;
(2)人防墙的布置同剪力墙。

2. 智能布墙

鼠标左键单击"构件布置栏"中的"智能布墙"图标,在"实时控制栏"内会增加 ⊞轴网 ⊘构件 的图标。可以选择按轴网来形成墙体和按构件形成墙体。

鼠标左键单击"活动布置栏"中的 ⊞轴网 图标,光标由"箭头"变为"□"字形,再到绘图区内框选相应的轴网(轴线),被选中的轴网(轴线)即可变为指定的墙体。

(1)框选的范围不同,生成墙体的范围也不同,如图 5-1-17 和图 5-1-18 所示。如图 5-1-19框中是四条轴线,就会生成四段墙体;如图 5-1-20 框中只有一段轴线,则只生成一段墙体。

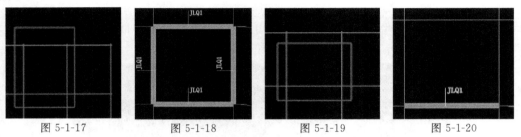

| 图 5-1-17 | 图 5-1-18 | 图 5-1-19 | 图 5-1-20 |

(2)如果选中的轴网(轴线)已经布置了墙体,或画线布置的墙体与已有墙体重合,软件会给予提示:有墙体与已有构件重叠,没有墙体的部位依然会布置相应的墙体。

鼠标左键单击"实时控制栏"中的 ⊘构件 图标,光标由"箭头"变为"□"字形,再到绘图区内框选构件,包含条形基础、基础主梁、基础次梁、基础连梁、框架梁、次梁、连梁、圈梁,然后鼠标右键单击被选中的构件即可变为指定的墙体,如图 5-1-21 和图 5-1-22 所示。

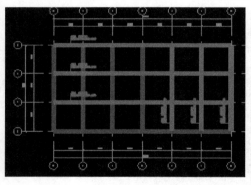

图 5-1-21

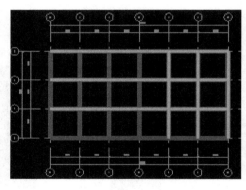

图 5-1-22

注意:当所选构件出现重合时,只生成一个墙;当选择同一直线上首尾相连的构件时,只生成一个墙。

3. 外边识别

启动"外边识别"命令 外边识别 ↑2 后,软件会自动寻找本层外墙的外边线,并将其变成绿色,从而形成本层建筑的外边线。如图 5-1-23 和图 5-1-24 所示。

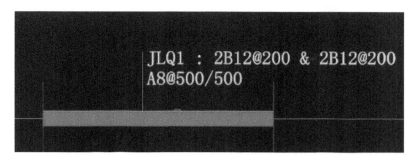

图 5-1-23

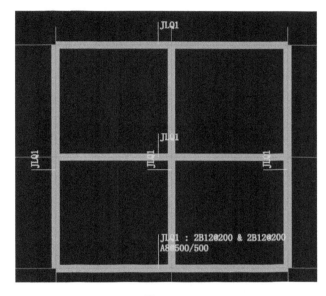

图 5-1-24

4.外边设置

鼠标左键单击"外边设置"命令,鼠标光标变为"□",再到绘图区剪力墙上,光标停留的位置即为外边,单击左键确认,设置为外墙的墙边线为绿色,如图 5-1-25 所示。

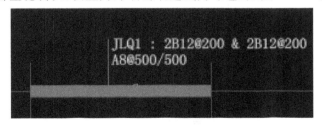

图 5-1-25

5.墙端纵筋

鼠标左键单击"墙端纵筋"命令,鼠标光标变为"□",在墙的端部框选,弹出"墙端纵筋"对话框,如图 5-1-26 所示。在此对话框中输入钢筋,例如 4B20,单击"确定",计算完成后,在计算结果里面会有此钢筋,如图 5-1-27 所示。

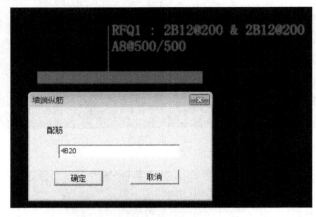

图 5-1-26

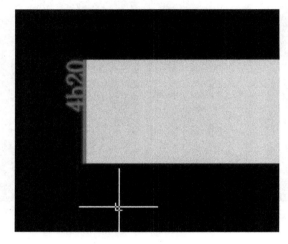

图 5-1-27

6.墙洞

(1)鼠标左键单击"构件布置栏"中的"墙洞"图标,光标由"箭头"变为"▉"形状,再到绘图区剪力墙上相应位置单击左键布置洞口,如图 5-1-28 所示。

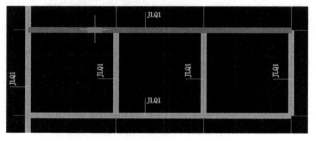

图 5-1-28

(2)洞口布置完成后,单击右键退出命令。

(3)洞口的属性定义与剪力墙相同。

(4)当要精确定位墙洞时,选择 点选布置 精确布置 精确布置墙洞。然后选择参照点,移动鼠标就会出现精确尺寸,更改数值即可精确定位墙洞,如图 5-1-29 所示。

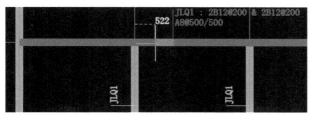

图 5-1-29

(5)选中某个洞口,单击鼠标右键,右键菜单中的"删除""属性"命令有意义。

(6)墙洞支持在弧形墙上布置,如图 5-1-30 所示。

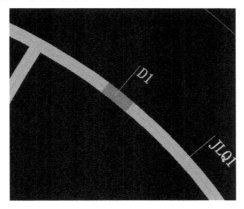

图 5-1-30

(7)墙洞布置还需要讲到两段相连的墙上布置,其支持被两段墙同时扣减。

7. 门洞布置

(1)鼠标左键单击"构件布置栏"中的"门洞"图标,光标由"箭头"变为"▆▆"形状,再到绘图区剪力墙上相应位置单击左键布置洞口,如图 5-1-31 所示。

图 5-1-31

(2)洞口布置完成后,单击右键退出命令。

（3）洞口的属性定义与剪力墙相同。

（4）当要精确定位墙洞时，选择 点选布置 精确布置 精确布置门洞。然后选择参照点，移动鼠标就会出现精确尺寸，更改数值即可精确定位墙洞，如图5-1-32所示。

图5-1-32

（5）选中某个洞口，单击鼠标右键，菜单中出现"删除""属性"命令。

（6）门洞支持在弧形墙上布置，如图5-1-33所示。

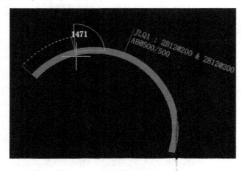

图5-1-33

（7）门洞布置还需要讲到两段相连的墙上布置，支持被两段墙同时扣减。

窗洞布置同门洞。

8.飘窗布置

（1）鼠标左键单击"构件布置栏"中的"飘窗"图标，光标由"箭头"变为"十"字形，然后到绘图区内墙相应位置单击左键布置飘窗，如图5-1-34所示。

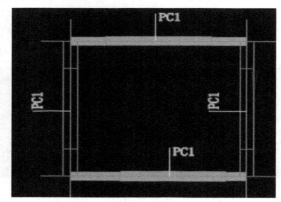

图5-1-34

（2）飘窗布置完成后，单击右键退出命令。

（3）飘窗的属性定义与剪力墙相同。

（4）飘窗定义升级优化后，可以设置离板边距，如图 5-1-35 所示。

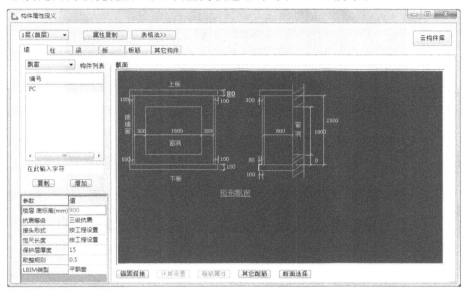

图 5-1-35

9. 暗梁布置

（1）鼠标左键单击"构件布置栏"中的"暗梁"图标，光标由"箭头"变为"▢"形状，然后到绘图区内剪力墙上相应位置单击左键布置暗梁或框选布置暗梁，如图 5-1-36 所示。

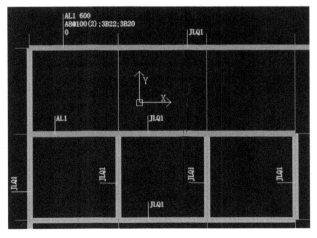

图 5-1-36

（2）暗梁属于寄生构件，寄生在剪力墙上，长度跟随剪力墙的长度变化，剪力墙的变化将会影响暗梁。

（3）其他的操作与剪力墙相同。

10. 连梁布置

（1）鼠标左键单击"构件布置栏"中的"连梁布置"图标，光标由"箭头"变为"十"字形，然后到绘图区内相应位置单击左键布置连梁，单击鼠标左键选择第一点，单击鼠标左键确定第二点的位置，右键确认，并结束命令，如图 5-1-37 所示。

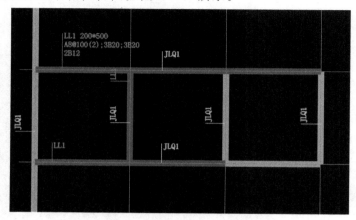

图 5-1-37

（2）目前版本，支持弧形连梁的布置。方法同弧形墙布置。

（3）其他的操作与剪力墙相同。

11. 洞口布连梁

（1）鼠标左键单击"构件布置栏"中的"洞口布连梁"图标，光标由"箭头"变为"▣"形状，然后到绘图区内单击相应的洞口，即可布置洞口连梁。

（2）洞口连梁支持弧形布置，如图 5-1-38 所示。

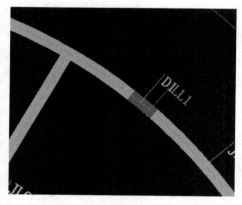

图 5-1-38

（3）洞口连梁支持多洞口布置，鼠标左键单击"构件布置栏"中的"洞口布连梁"图标，在"活动布置栏"中鼠标单击 多洞口 图标，然后在图形中选择多个洞口，单击右键确认布置完成。

12. 过梁布置

(1) 鼠标左键单击"构件布置栏"中的"洞口布连梁"图标，光标由"箭头"变为"▣"形状，同时"实时控制栏"出现如图 5-1-39 所示图标。

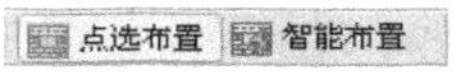

点选布置　智能布置

图 5-1-39

(2) 选择"点选布置"时，与暗梁的操作方式相同。

(3) 选择"智能布置"时，弹出如图 5-1-40 所示"智能生成过梁"对话框，在对话框中进行相应的过梁尺寸信息输入，最后单击"确定"，图形洞口上便会自动生成相应的过梁。

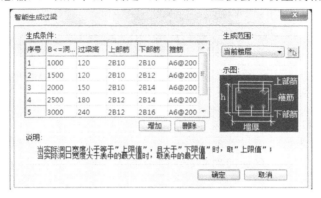

图 5-1-40

(4) 布置范围默认为当前楼层，也可以自由选择布置范围，如图 5-1-41 所示，并支持相应过滤器。

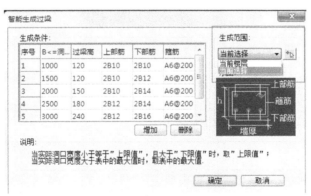

图 5-1-41

当选择"当前选择"时，要单击 🔲，然后框选要布置过梁的洞口范围。

智能布置过梁会根据洞口尺寸自动定义 GL 名称，如 GL500，如图 5-1-42 所示。

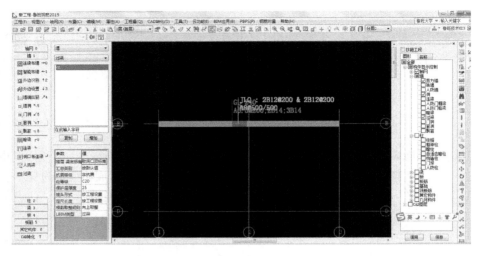

图 5-1-42

13. 山墙布置

（1）在工具栏中选择"对构件进行变斜调整"命令 ✍，光标由"箭头"变为"■"形状，然后到绘图区内选取需要进行山墙设置的构件。

（2）会弹出如图 5-1-43 所示的对话框，提示输入"第一点标高"，输入标高后单击"确定"。

（3）再次弹出如图 5-1-44 所示的对话框，提示输入"第二点坐标"，输入相应的标高后单击"确定"。

图 5-1-43

图 5-1-44

（4）山墙设置完成，会以蓝色墙表示山墙。

（5）人防梁布置同剪力墙。

14. 弧形墙变斜

弧形墙变斜，可以成功解决汽车坡道中存在弧形斜墙的计算，变斜方法同山墙，如图 5-1-45 和图 5-1-46 所示。

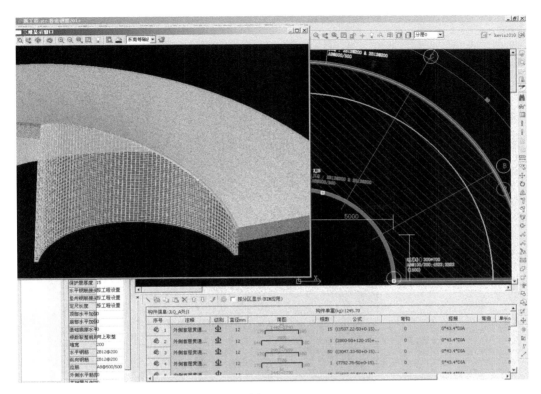

图 5-1-45

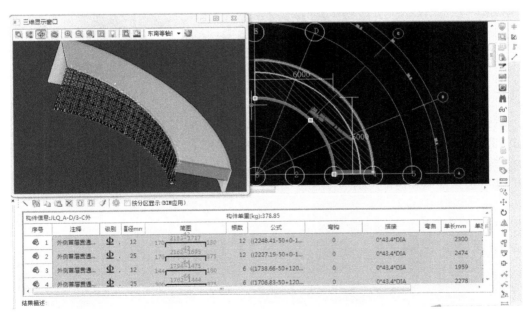

图 5-1-46

5.2 A 办公楼 CAD 转化墙

视频 5-2

5.2.1 A 办公楼剪力墙属性定义及布置

在"墙"→"剪力墙"属性面板中,单击"增加",重命名新增的墙体名称为"WQ1 300",如图 5-2-1 所示。

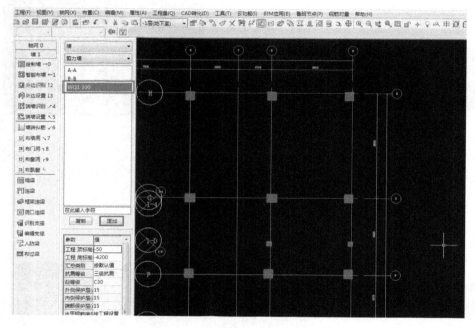

图 5-2-1

双击"WQ1 300"剪力墙,编辑该剪力墙的属性,根据 A 办公楼结施－06A 图中 WQ1 的配筋信息,先设置墙厚为 300,水平钢筋内外两侧均为 C14@200,需设置为"2C14－200"。内侧纵筋为 C16@150,外侧纵筋为 C20@150,在软件中"纵筋"一栏直接标注为"C20-150/C16-150",表示外侧和内侧纵筋的排布。

在 A 办公楼中,拉筋设置为梅花双向 C6@600,在设置时需设为"C6－600/600",表示水平方向和竖直方向的拉筋间距均为 600。

属性设置完成后如图 5-2-2 所示。

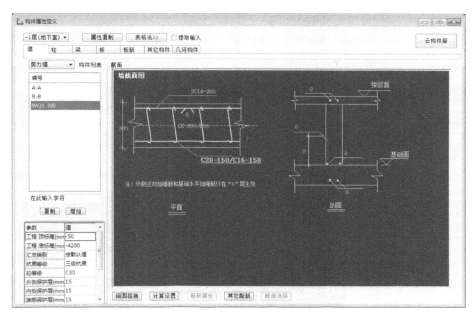

图 5-2-2

拉筋的梅花双向布置需要在计算设置当中进行设置,单击"计算设置",在"拉钩筋布置方式"中单击"双向布置",弹出"设定"对话框,在右侧"双向布置"和"梅花布置"中选择梅花布置。如图 5-2-3 所示。

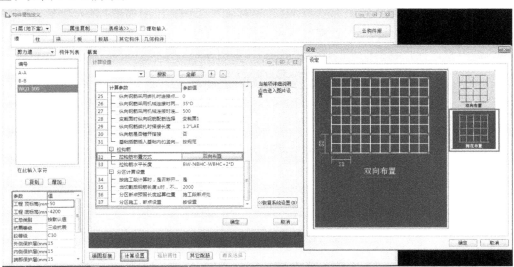

图 5-2-3

同样方法,新增两种砖墙"Q100"和"Q200",在属性设置定义中将墙宽分别设置为 100 和 200,墙体加强筋设置为"2C6－500"。如图 5-2-4 所示。

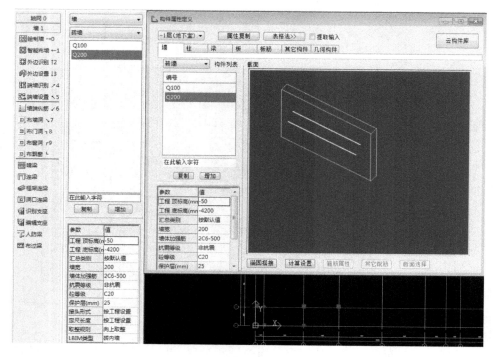

图 5-2-4

　　A 办公楼地下室剪力墙在直接绘制之前,可以先导入 CAD 图纸,单击"CAD 转化"→
"CAD 草图"→"导入 CAD 图纸",选择"基顶～标高－0.050 柱配筋图"导入项目,弹出"原
图比例调整"对话框,导入类型为"模型",实际长度与标注长度的比例为 1∶1(注意:在原始
CAD 图纸中需保证比例为 1∶1),单击"确定"。如图 5-2-5 所示。

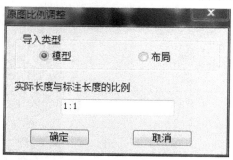

图 5-2-5

　　将图纸放置于绘图区空白区域,选择轴线①－Ⓐ轴交点与项目①－Ⓐ轴交点对齐,如图
5-2-6 所示。

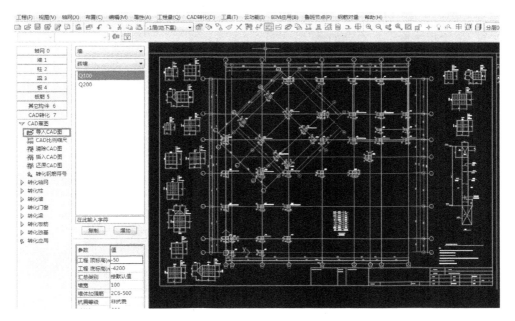

图 5-2-6

选择"WQ1 300",单击"绘制墙",在选项栏中选择右边偏移,按剪力墙外边缘沿顺时针绘制,如图 5-2-7 所示。

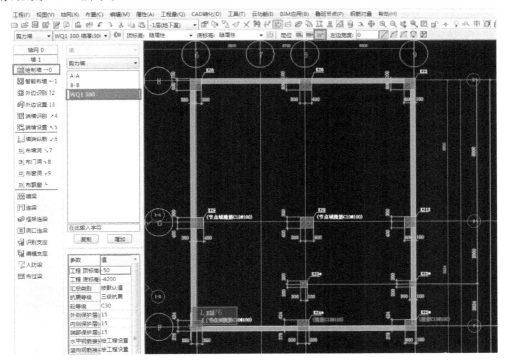

图 5-2-7

绘制好的剪力墙,为了方便后期楼板与房间的生成,需对墙体作倒角处理。单击右侧的倒角工具,依次单击各个角点处的墙体,如图 5-2-8 所示。

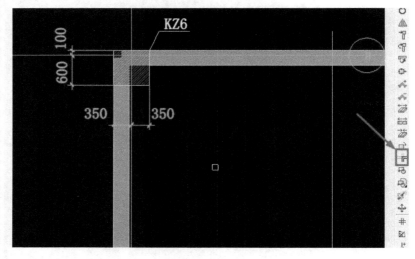

图 5-2-8

5.2.2 A 办公楼 CAD 转化墙

除了手动创建墙体外也可以用 CAD 转化的方法创建墙体,还可以用同样方法导入"基顶~标高—0.050 柱配筋图"并移至项目基点。

点击"CAD 转化"→"转化墙"→"提取墙边线",弹出"提取墙"对话框,选择按图层提取,点击"提取",选择 CAD 图纸中的剪力墙外边线,提取完成后点击"确认",如图 5-2-9 所示。

图 5-2-9

点击"CAD 转化"→"转化墙"→"自动识别墙",弹出"自动识别墙体"对话框,双击墙转化设置中的墙名称,弹出"识别墙体参数设置"。输入墙名称"WQ1 300"、墙厚"300"、水平筋"2C14—200"、竖向筋"C20—150/C16—150"、拉钩筋"C6—600/600",单击"确认",如图 5-2-10所示。

图 5-2-10

　　"形成墙体最大距离"设置一般通过量取最大门窗洞口获得。在这里先用默认设置
1500,墙类型选择"剪力墙",设置完成后单击"确认",如图 5-2-11 所示。

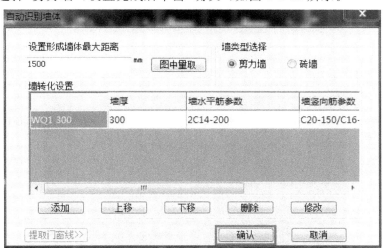

图 5-2-11

　　点击"CAD 转化"→"转化应用",弹出"转化应用"对话框,勾选"墙"下的"剪力墙",勾选
"删除已有构件",单击"确定",如图 5-2-12 所示。

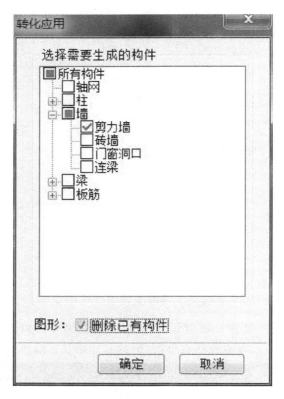

图 5-2-12

隐藏 CAD 图层,利用智能延伸或者倒角延伸对墙体进行倒角,如图 5-2-13 所示。

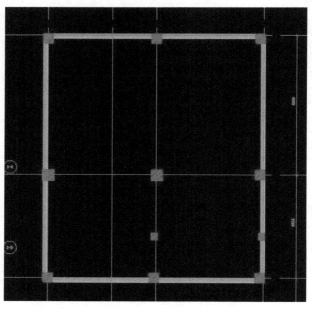

图 5-2-13

直接导入建筑图中的地下室墙平面图新图并移至指定位置,准备转化地下室砖墙,点击"转化墙"→"提取墙边线",弹出"提取墙"对话框,为避免选中外围剪力墙的墙边线,可选择"按局部图层颜色提取",单击"提取",先选中砖墙边线,再框选范围,最后单击"确认"。如图 5-2-14 所示。

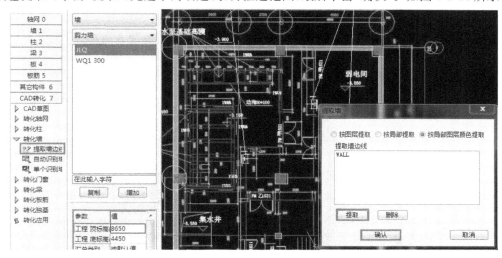

图 5-2-14

单击"自动识别墙",弹出"自动识别墙体","形成墙体最大距离"设置可以通过量取最大门窗洞口获得。在这里可先按默认设置为 1500,墙类型选择"砖墙",核对砖墙拉结筋配置,单击"确认",如图 5-2-15 所示。

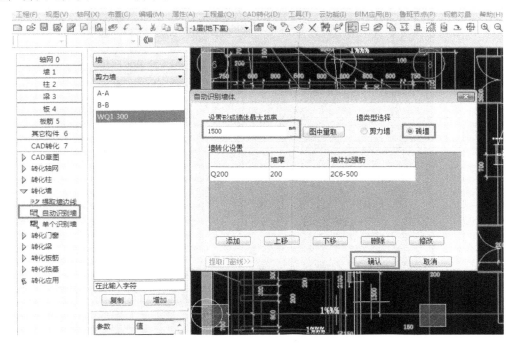

图 5-2-15

最后单击"转化应用",在弹出的对话框中,勾选"墙"下的"砖墙",勾选"删除已有构件",单击"确定",如图 5-2-16 所示。

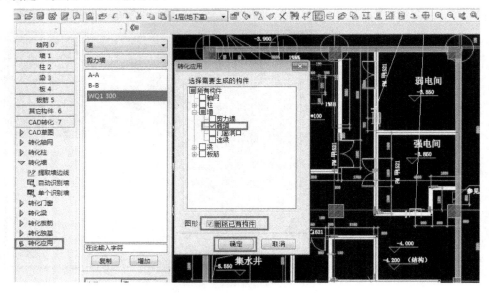

图 5-2-16

完成后需对所有墙体进行倒角。完成倒角后如图 5-2-17 所示。

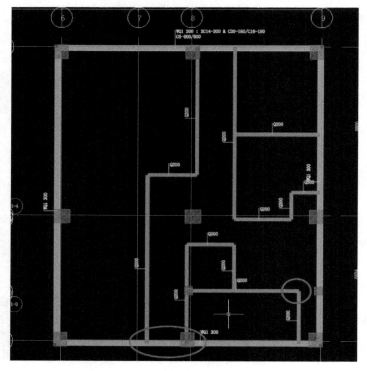

图 5-2-17

【任务拓展】

1.绘制墙的截面如下图所示。

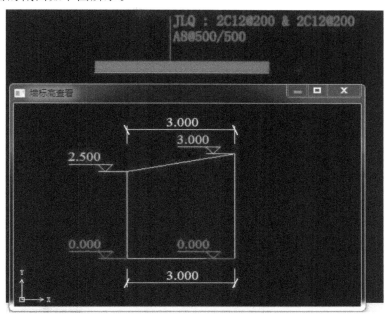

2.创建 A 办公楼地下室的墙体钢筋模型。

在线测试

任务 6　梁钢筋建模

视频 6-1

【学习目标】

1.掌握梁的属性定义以及布置方法。

2.掌握梁的 CAD 转化以及梁钢筋修改。

【任务导引】

1.识读二层梁配筋图,并导入图纸完成识别与转化。

2.完成二层梁支座与配筋的修改及编辑。

视频 6-2

6.1　梁属性定义及布置

6.1.1　梁属性设置

单击属性界面"梁"按钮切换到梁,"构件列表"中选择"框架梁",如图 6-1-1 所示。

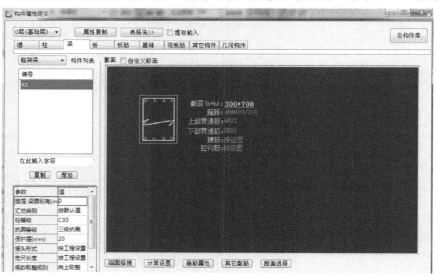

图 6-1-1

如图 6-1-1 所示,属性里可处理框架梁、次梁、圈梁和吊筋四种类型。根据四种类型分别设置计算规则,有以下几种情况:

(1)挑梁钢筋的计算及变截面对话框类型的计算。

(2)上部端支座及中间支座钢筋的计算,并且可处理多排钢筋的计算。

(3)下部钢筋中间与端支座的计算。

(4)箍筋加密区与非加密区的计算。

(5)可处理多跨梁上、下、左、右偏移的计算等。

单击"截面对话框"除数字以外的任何区域或单击断面选择,弹出"梁断面"选择框,如图 6-1-2 所示,选择相应的断面,如图 6-1-3 所示。

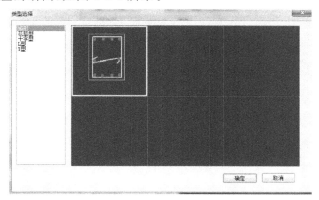

图 6-1-2

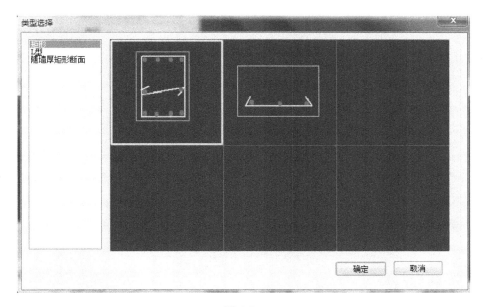

图 6-1-3

吊筋属性定义,如图 6-1-4 所示,设置相应的配筋。

建模之钢筋建模

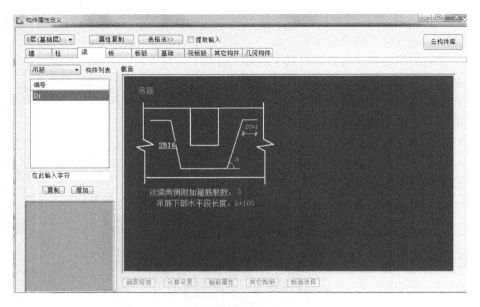

图 6-1-4

1. 梁拉钩筋腰筋总体设置

支持的构件包括屋面框架梁、楼层框架梁、次梁、基础主梁和基础次梁。

（1）在"工程设置"中的"计算设置"里，选择"梁"，以框架梁为例找到第 28 项的计算设置
"34 腰筋、拉筋设置： 按设置 "，鼠标双击"按设置"会弹出如图 6-1-5 所示对话框。

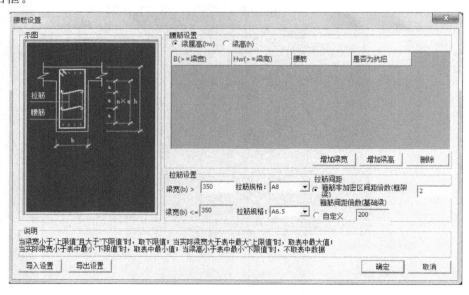

图 6-1-5

（2）先单击 增加梁宽 创建一种梁的宽度，再单击 增加梁高 在创建好的梁宽中增加梁的高度，如图 6-1-6 所示。

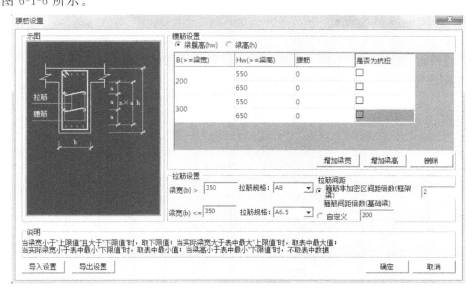

图 6-1-6

注意：

①腰筋设置可以选择"梁腹高"或者"梁高"。

②原有腰筋和拉钩筋"按规范"的设置取消。

2. 梁的计算设置共同部分

（1）计算设置，悬挑梁端部配筋类型选择里面节点图，节点 19 种，开放悬挑端的参数，如图 6-1-7 所示。

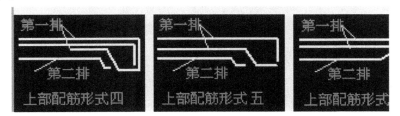

图 6-1-7

（2）在 16G 状态下计算设置，挑梁下部纵筋锚入支座长默认为 15 * d(d 表示下部纵筋直径)，如图 6-1-8 所示。

图 6-1-8

(3)拉筋计算公式:(B－1＊BHC＋2＊D),支持自由输入。

(4)在16G状态下计算设置第22条:当支座两端变截面,(C/B－50)≤时,连续配筋(1/6)。

(5)第9条,高级设置:

①面筋、底筋、腰筋支座读取形式。

②箍筋根数、支座钢筋、不伸入支座钢筋的净跨长度读取形式。

③梁钢筋的结果输出顺序设置,图6-1-9所示。

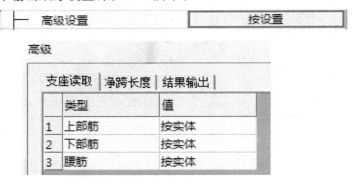

图 6-1-9

(6)主筋搭接范围内的箍筋间距:"不加密""min(5＊D,100)""按加密间距",如图6-1-10所示。

图 6-1-10

(7)同一跨内两端支座钢筋在跨内的端点距离≤设定值,规格相同的判断为连通,如图6-1-11所示。

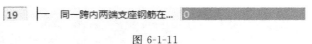

图 6-1-11

(8)无贯通筋时,架立筋伸入支座钢筋的搭接长度设置;支持:x,L,Lae,d,BHc的运算式,如图6-1-12所示。

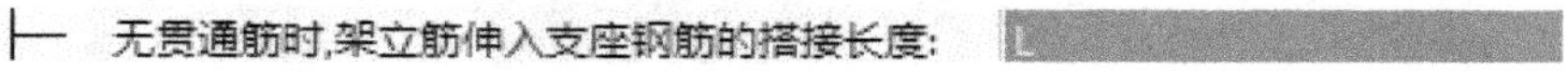

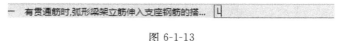

图 6-1-12

(9)有贯通筋时,弧形梁架立筋伸入支座钢筋的搭接长度设置;支持:x,L,Lae,d,BHc的运算式,如图6-1-13所示。

图 6-1-13

(10)悬挑梁支座钢筋伸入相邻支座跨长度设置：支持：x,Lae,La,H,d,Lni1,Lni2,Ln,BHc,Max()函数的运算式,如图 6-1-14 所示。

└─ 悬挑梁支座钢筋伸入相邻支座跨长度：   Max(Lni1,1/3*Lni2)

图 6-1-14

(11)新增水平折梁支座处节点：底筋、面筋、腰筋是否分开来计算,如果超过设定值,可以根据需求自己选择对应的节点,如图 6-1-15 所示；

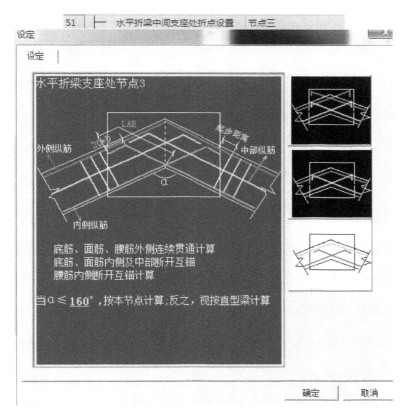

图 6-1-15

（12）绑扎搭接区箍筋间距 min(5 * D,100)中 D 的取值设置；支持："绑扎纵筋最小值""绑扎纵筋最大值"，如图 6-1-16 所示。

44	绑扎搭接区箍筋间距min(5*D,100)中D的取值	绑扎纵筋最小值

图 6-1-16

（13）水平折梁中间支座处支座钢筋连通方式设置；支持：同面筋或优先连通，如图 6-1-17所示。

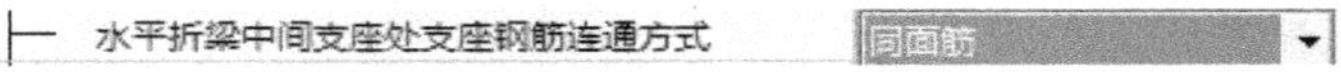

水平折梁中间支座处支座钢筋连通方式	同面筋 ▼

图 6-1-17

（14）水平折梁跨中折点设置（主筋）：水平折梁在跨中折点位置，底筋、面筋的锚固方式，如图 6-1-18 所示。

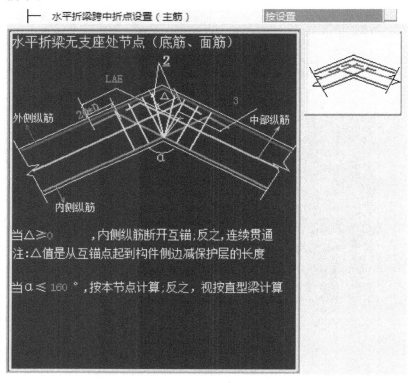

图 6-1-18

（15）水平折梁跨中折点设置（腰筋）：水平折梁在跨中折点位置，腰筋的处理方式，如图 6-1-19 所示。

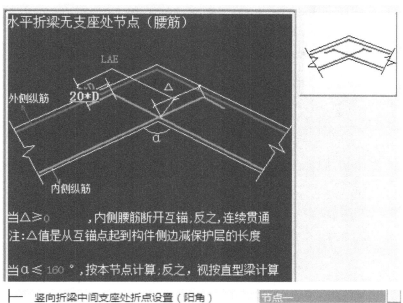

水平折梁无支座处节点（腰筋）

外侧纵筋

内侧纵筋

当△≥0 ,内侧腰筋断开互锚;反之,连续贯通
注:△值是从互锚点起到构件侧边减保护层的长度

当α≤160°,按本节点计算;反之,视按直型梁计算

竖向折梁中间支座处折点设置（阳角） 节点一

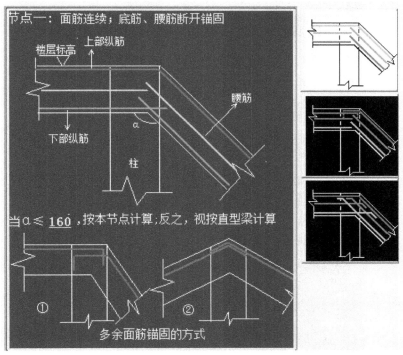

节点一：面筋连续；底筋、腰筋断开锚固

楼层标高
上部纵筋
下部纵筋
腰筋
柱

当α≤160,按本节点计算;反之,视按直型梁计算

① ②

多余面筋锚固的方式

图 6-1-19

（16）竖向折梁中间支座处折点设置（阴角）：竖向折梁阳角底筋、面筋、腰筋是否相交锚固，如果超过设定值，可以根据需求自己选择对应的节点，如图 6-1-20 所示。

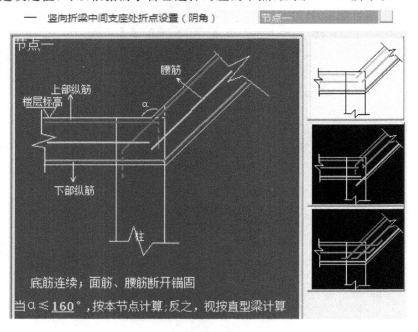

图 6-1-20

（17）竖向折梁端支座处节点：竖向折梁端部支座处的处理方式、平直段长度及弯折长度的取值由用户自主选择，如图 6-1-21 所示。

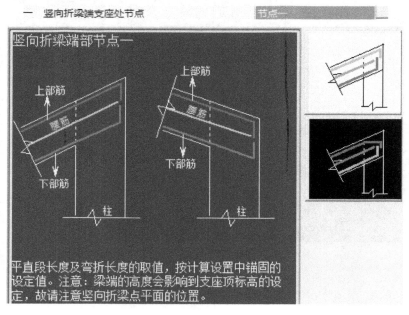

图 6-1-21

(18)竖向折梁跨中折点设置(阳角):竖向折梁跨中阳角折点位置,底筋的处理方式,如图 6-1-22 所示。

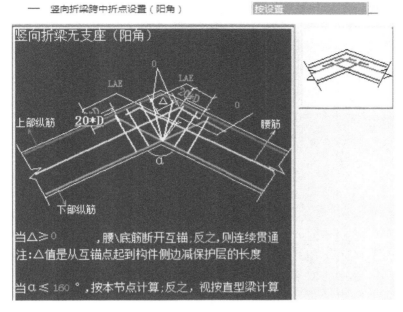

图 6-1-22

(19)竖向折梁跨中折点设置(阴角):竖向折梁跨中阴角折点位置,底筋的处理方式,如图 6-1-23 所示。

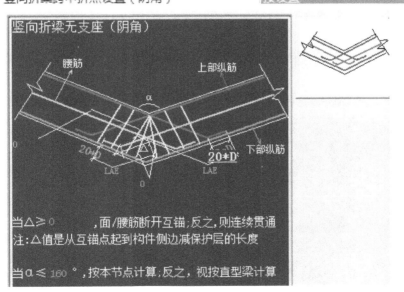

图 6-1-23

（20）水平折梁半支座处折点设置：水平折梁遇到半支座的情况下，钢筋弯折长度由用户自主选择，如图 6-1-24 所示。

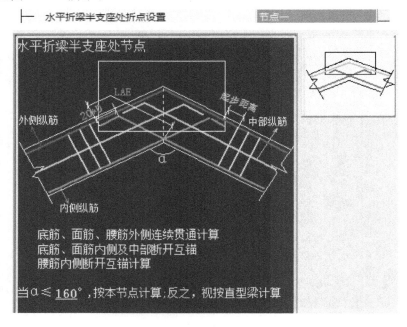

图 6-1-24

（21）上部纵筋遇到半支座，未穿过支座实体的面筋设置；支持：优先连通、断开锚固，如图 6-1-25 所示。

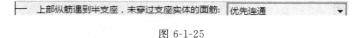

图 6-1-25

（22）上部纵筋遇到半支座，未穿过支座实体的面筋锚入支座位置长度设置，如图 6-1-26 所示。

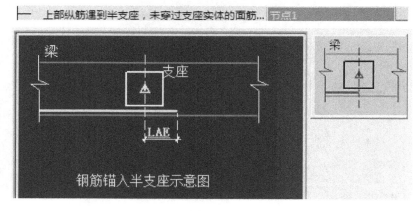

图 6-1-26

(23)下部纵筋遇到半支座，未穿过支座实体的底筋设置；支持：优先连通、断开锚固，如图 6-1-27 所示。

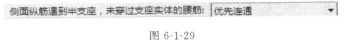

图 6-1-27

(24)下部纵筋遇到半支座，未穿过支座实体的面筋锚入支座位置长度设置，如图 6-1-28 所示。

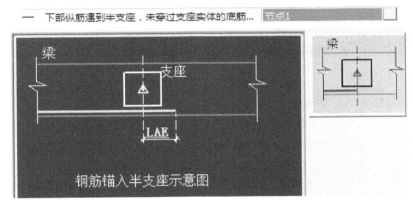

图 6-1-28

(25)侧面纵筋遇到半支座，未穿过支座实体的腰筋设置；支持：优先连通、断开锚固，如图 6-1-29 所示。

图 6-1-29

(26)构造腰筋遇到半支座，未穿过支座实体的腰筋锚入支座位置长度，如图 6-1-30 所示。

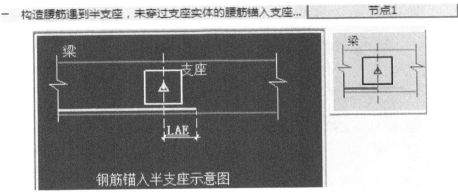

图 6-1-30

(27)抗扭腰筋遇到半支座，未穿过支座实体的腰筋锚入支座位置长度，如图 6-1-31 所示。

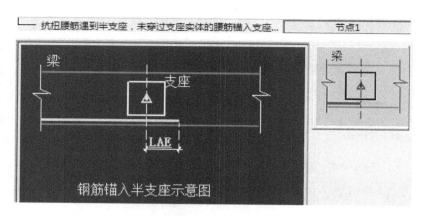

图 6-1-31

3. 屋面框架梁新增计算设置

（1）屋面框架梁上部纵筋端部锚固节点构造：可根据需要选择，如图 6-1-32 所示。

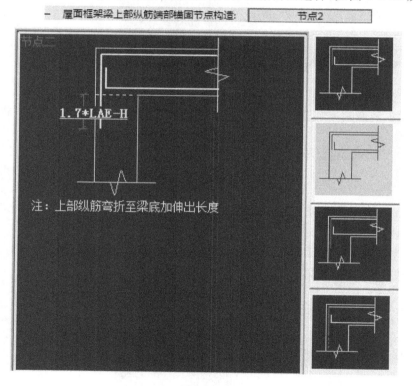

图 6-1-32

（2）屋面框架梁上部纵筋中间支座高低跨节点构造：可根据需要选择，如图 6-1-33 所示。

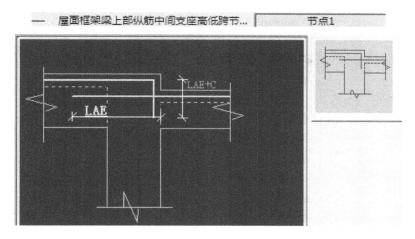

图 6-1-33

4. 次梁新增计算设置

梁上部纵筋中间支座高低跨节点构造，如图 6-1-34 所示。

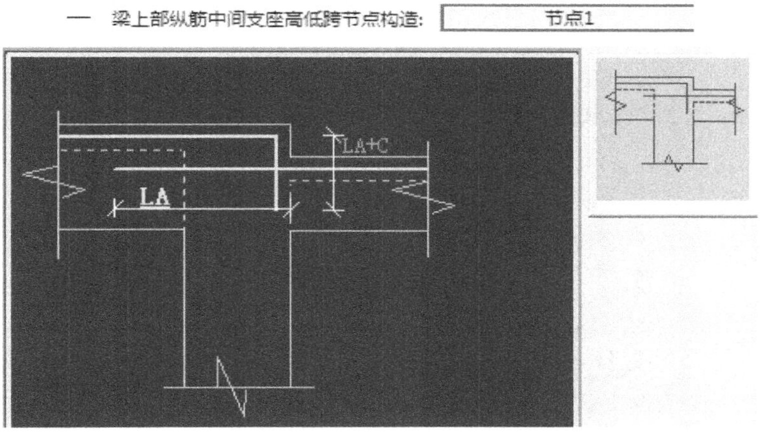

图 6-1-34

6.2　A 办公楼 CAD 转化梁

视频 6-3

6.2.1　梁的识别与转化

点击"CAD 转化"→"导入 CAD 图"选项导入二层梁平法图，将二层梁平法图①-Ⓐ轴交点移动到工程（0，0）坐标上，如图 6-2-1 所示。

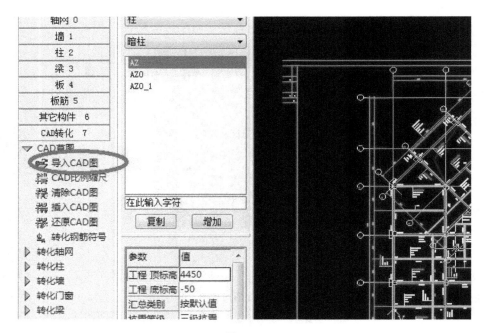

图 6-2-1

单击"转化梁"中的"提取梁",如图 6-2-2 所示。

图 6-2-2

在"提取梁"的工作界面中,提取梁边线,提取梁集中标注,若梁原位标注和集中标注在同一图层,可不提取梁原位标注,单击"确定",如图 6-2-3 所示。

图 6-2-3

单击"自动识别梁",如图 6-2-4 所示。

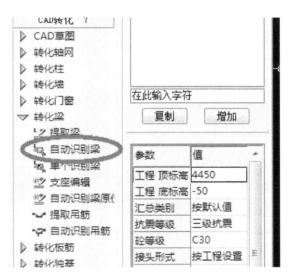

图 6-2-4

在"加载集中标注"选项框中,单击"下一步",如图 6-2-5 所示。

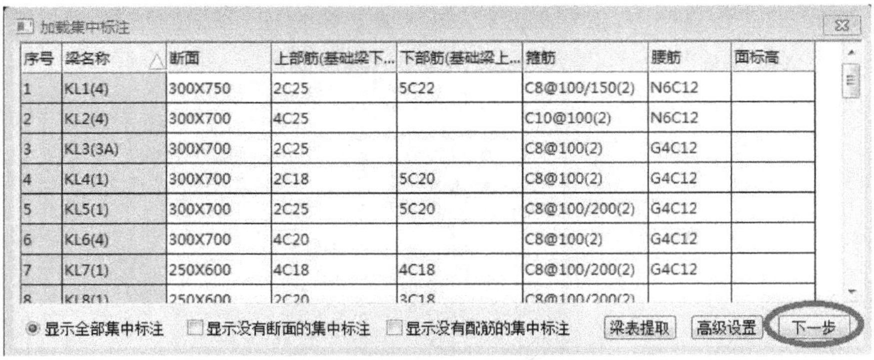

序号	梁名称	断面	上部筋(基础梁下…	下部筋(基础梁上…	箍筋	腰筋	面标高
1	KL1(4)	300X750	2C25	5C22	C8@100/150(2)	N6C12	
2	KL2(4)	300X700	4C25		C10@100(2)	N6C12	
3	KL3(3A)	300X700	2C25		C8@100(2)	G4C12	
4	KL4(1)	300X700	2C18	5C20	C8@100(2)	G4C12	
5	KL5(1)	300X700	2C25	5C20	C8@100/200(2)	G4C12	
6	KL6(4)	300X700	4C20		C8@100(2)	G4C12	
7	KL7(4)	250X600	4C18	4C18	C8@100/200(2)	G4C12	
8	KL8(4)	250X600	2C20	3C18	C8@100/200(2)		

○ 显示全部集中标注　□ 显示没有断面的集中标注　□ 显示没有配筋的集中标注　[梁表提取] [高级设置] [下一步]

图 6-2-5

设置"自动识别梁"选项框,"支座判断条件"设置为"以已有墙、柱构件判断支座","设置梁边线到支座的最大距离"为图中柱的最大截面尺寸,可默认 1000mm,保证一根完整的梁不会被柱子截断,"设置形成梁平面偏移最大距离"为默认的 500mm,单击"确定",如图 6-2-6 所示。

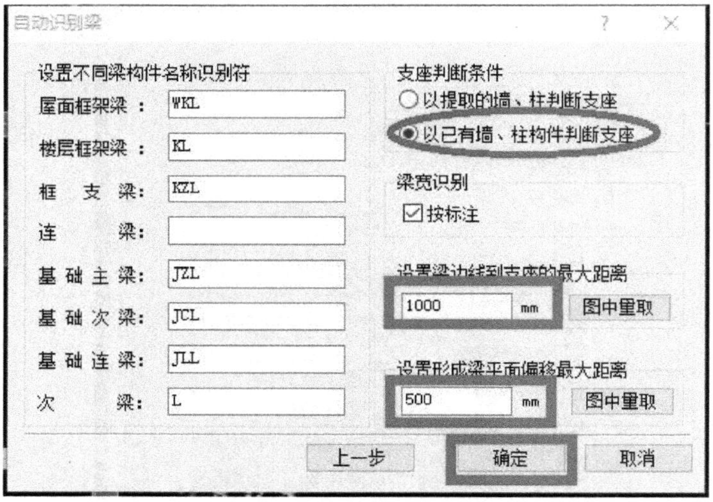

图 6-2-6

识别后有 CAD 图层和识别后的图层两个图层,识别后的图层中有部分标注是蓝显的,说明这部分的梁内容识别错误,可放到转化后修改,如图 6-2-7 所示。

图 6-2-7

单击"自动识别梁原位标注",识别图中的梁原位标注信息,如图 6-2-8 所示。

在识别的图层中单击"转化结果应用",如图 6-2-9 所示。

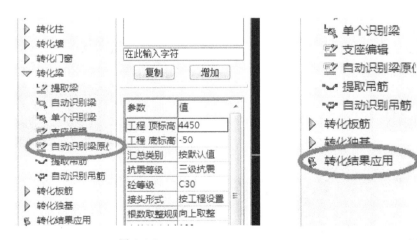

图 6-2-8

图 6-2-9

转化之后出现梁构件图层,如图 6-2-10 所示。

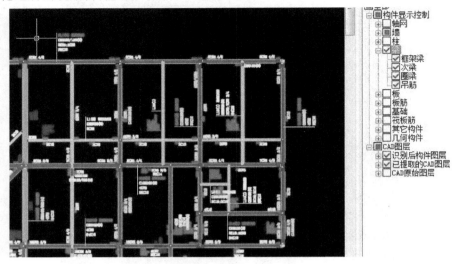

图 6-2-10

6.2.2 梁的修改和编辑

打开"梁构件图层",对梁进行倒角和延伸,选中工具面板中的 "倒角、延伸"工具,如图 6-2-11 所示。

选择倒角工具,让两根梁相交闭合,如图 6-2-12 所示。选择延伸 工具,先选择目标梁中心线,再选择需要延伸的梁,使两根梁"丁"字 形相交闭合。如图 6-2-13 和图 6-2-14 所示。

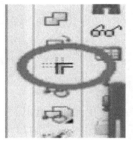

图 6-2-11

图 6-2-12

图 6-2-13

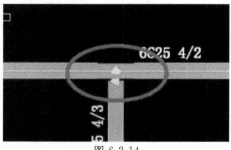

图 6-2-14

让所有梁形成封闭图形后,打开构件图层和 CAD 原图层,对梁进行逐个检查。先检查横向的梁,如果是集中标注,有错误的,在梁属性通用面板中进行修改;如果是梁原位标注错误的,选择"对构件进行平法标注"选项,如图 6-2-15 所示。

图 6-2-15

选择需要修改的梁,单击需要修改原位标注的框,修改支座负筋和跨原位信息,如图 6-2-16 所示。

图 6-2-16

对于支座信息有误的梁可以单击"支座编辑",如图 6-2-17 所示。

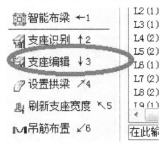

图 6-2-17

选中需要编辑支座的梁,将"×"改成"△",如图 6-2-18 所示。

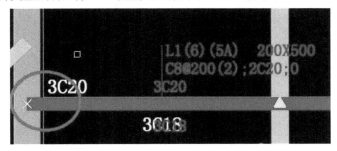

图 6-2-18

对检查过并且修改好的梁可进行标记，选择"标记"工具，如图 6-2-19 所示。

图 6-2-19

标记后的梁为粉色的梁，如图 6-2-20 所示。

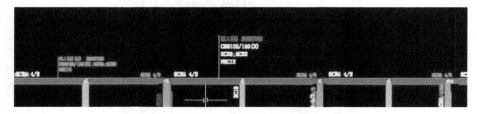

图 6-2-20

横向的梁检查标记好之后，如图 6-2-21 所示。

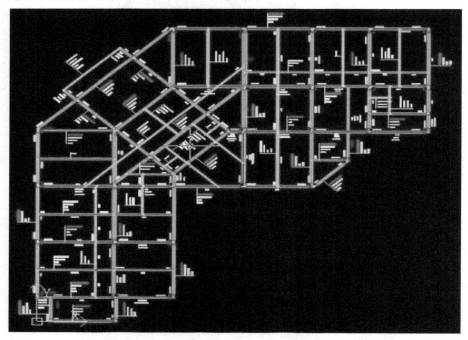

图 6-2-21

单击"屏幕旋转"按钮，如图 6-2-22 所示。

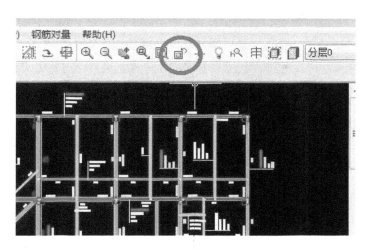

图 6-2-22

在角度输入中输入"-90",表示顺时针旋转 90°,单击"确定",如图 6-2-23 所示。

旋转好的图形如图 6-2-24 所示,继续逐一检查未标记的梁并标记。

最终检查好的梁,如图 6-2-25 所示。

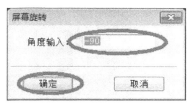

图 6-2-23

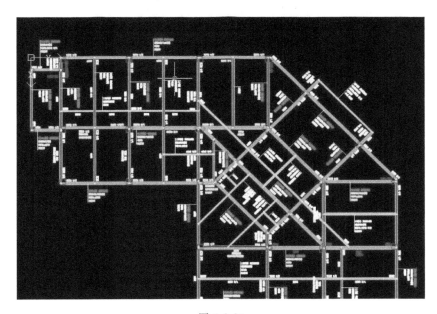

图 6-2-24

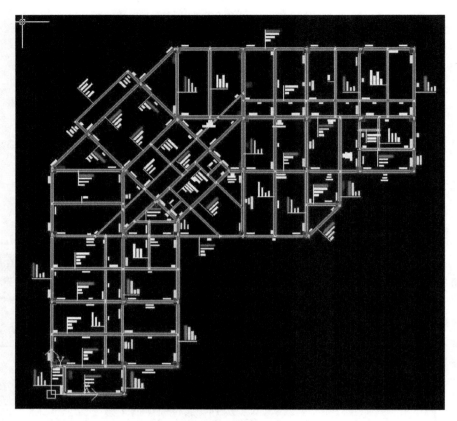

图 6-2-25

6.3 梁建模标准及注意事项

6.3.1 梁建模标准

梁建模标准如表 6-3-1 所示。

表 6-3-1

构件名称	图纸	命名方式	软件布置构件
框架梁	严格按照图纸	KL1	
框支梁	严格按照图纸	KZL1	
次梁	严格按照图纸	L1	
圈梁	严格按照图纸	QL1	
腰梁	严格按照图纸	腰梁	圈梁替代
腰带	严格按照图纸	腰带	圈梁替代
附加箍筋		附加箍筋	
吊筋		2C25	

6.3.2　注意事项

（1）识别的优先顺序为从上到下。

（2）多字符识别用"/"划分，如在框架梁后填写 K/D，表示凡带有 K 和 D 的都被识别为框架梁。这里大小写是有区别的，如框架梁后填写 K/d，表示带有 K 和 d 的都被识别为框架梁。

（3）识别符前加@表示识别符的"柱名称的第一个字母"。

（4）设置形成梁合并最大距离：相邻梁之间的支座长度，在设置的范围之内将会被识别为一根梁，如果超出设定值将被识别为两根梁。

（5）设置形成梁平面偏移最大距离：相邻梁之间的偏心，在设置的范围之内将会被识别为一根梁，如果超出设定值将被识别为两根梁。

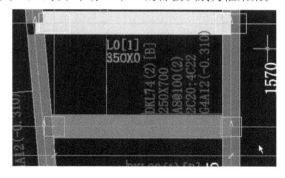

图 6-3-1

确定识别完成之后，打开识别后的构件图层，如果发现梁构件如图 6-3-1 红色块显示的，就表示这根梁的识别出现错误，并且梁的名称会自动默认为 L0，这时就需要对这根梁重新识别了，如图 6-3-2 所示。

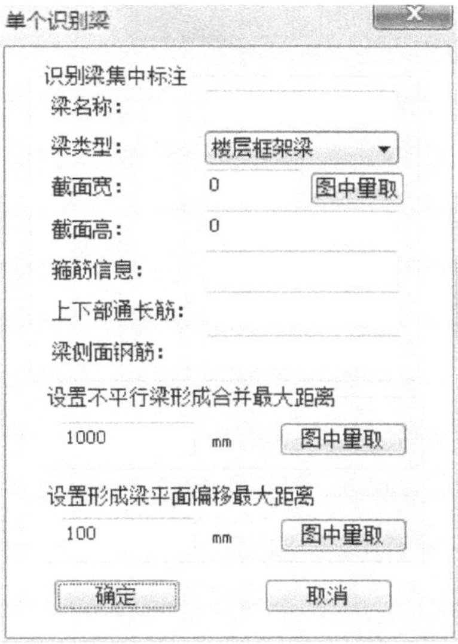

图 6-3-2

先选择"梁边线"，然后再选择梁的集中标注，把集中标注提取到"单个识别梁"对话框中，再选择 CAD 图中的"梁图形"，确定后完成单个梁的识别。

（6）梁宽识别 □按标注 当勾选"按标注"时，识别梁的时候是按照集中标注中的梁宽来识别梁的

（7）在自动识别之后，出现图 6-2-8，可以用转化梁构件下的 支座编辑 编辑此道梁构件的支座，编辑好之后如图 6-2-10 所示。

【任务拓展】

根据 A 办公楼中二层梁平面配筋图,完成梁构件转化,并将每一根梁完成钢筋属性的定义。

在线测试

任务 7 板、板筋的创建

【学习目标】

1. 掌握板的属性定义以及布置。
2. 掌握板筋的属性定义以及布置。
3. 掌握板筋的转化及修改。

【任务导引】

1. 识读 A 办公楼二层平面结构布置图,完成楼板属性定义及楼板生成。
2. 转化 A 办公楼二层楼板板筋,修改板筋信息。

7.1 板、板筋属性定义及布置

7.1.1 板属性设置

视频 7-1

(1)单击构件属性定义界面"板"按钮切换到"板",在"构件列表"中选择"现浇板",如图 7-1-1 所示。

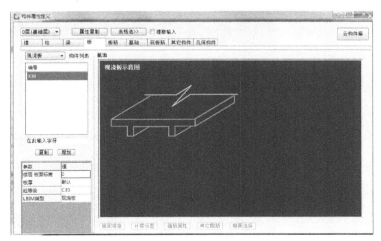

图 7-1-1

在"构件列表"下拉选择板筋"大类"之下不同的"小类"构件类型,如图 7-1-2 所示。

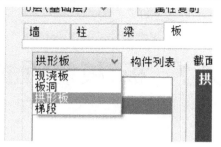

图 7-1-2

（2）单击构件属性定义界面"拱形板"按钮切换到"拱形板","构件列表"中选择"拱形板",如图 7-1-3 所示。

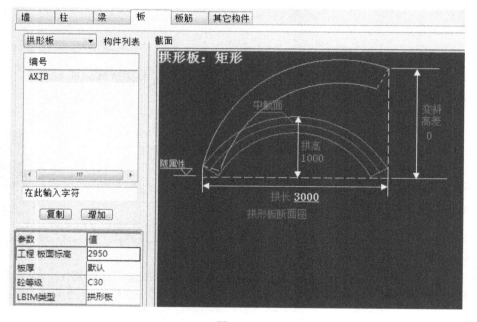

图 7-1-3

（3）单击构件属性定义界面"梯段"按钮切换到"梯段",在"构件列表"中选择"梯段",如图 7-1-4 所示。

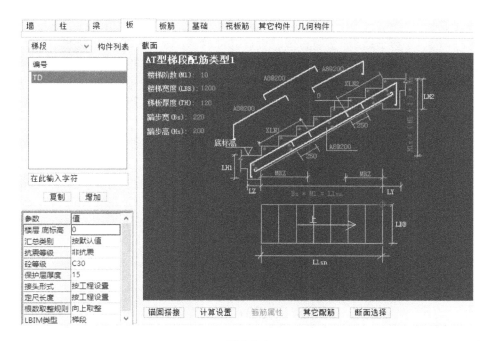

图 7-1-4

7.1.2 板的布置

鼠标左键单击"构件布置栏"中的"板"图标,按钮展开后,具体命令包括"快速成板""自由绘板""智能布板""拱形板""板洞""梯段""坡屋面",如图 7-1-5所示。

视频 7-2

图 7-1-5

1. 快速成板

根据轴网 3001 剪力墙、框架梁布置完成后，可以执行该命令，自动生成板。

鼠标左键单击"构件布置栏"中的"板"按钮，选择"自动成板"图标，弹出如图 7-1-6 所示选项框，选择其中的一项（各项的具体说明见表 7-1-1），自动生成板，如图 7-1-7 所示。

图 7-1-6

表 **7-1-1**

按墙梁中线生成	按照墙、梁中线组成的封闭区域生成板
按梁/墙中线生成	按照梁/墙中线组成的封闭区域生成板

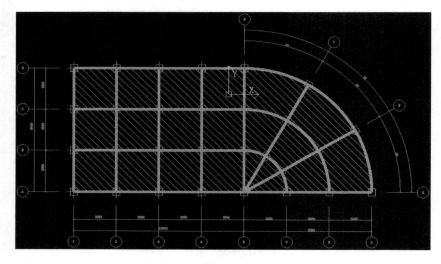

图 7-1-7

2. 自由绘板

鼠标左键单击"构件布置栏"中的"自由绘板"图标，在活动布置栏 ▱矩形板 ○圆形板 ▱异形板 ╱ ⌒ 中选择自由画板的形状。

布置方法：

（1）矩形板：单击鼠标左键选择矩形板的第一点后鼠标下拉或上拉确定第一点到第二点矩形的对角线，完成矩形板的绘制，如图 7-1-8 所示。

（2）圆形板：单击鼠标左键选择圆形的圆心点，鼠标拉动确定圆形半径，完成圆形板的绘制。

（3）异形板：可以绘制直形板，也可以绘制弧形板，板绘制到最后一点，单击鼠标右键闭合该板，方法与轴网创建中的自由画线相同。

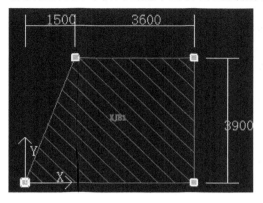

图 7-1-8

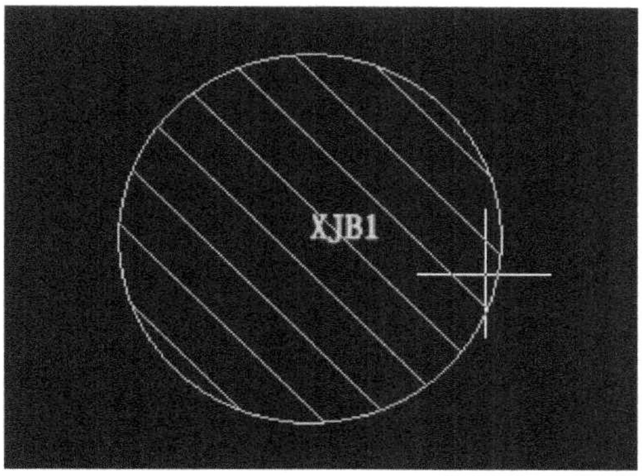

图 7-1-9

注：自由绘制的板尺寸，可以运用动态坐标和构件之间的位置关系来确定，如图 7-1-9 所示。

（1）在"中文布置栏"上单击智能布板 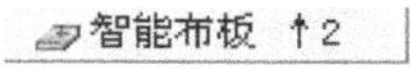 智能布板 ↑2 ，在活动工具栏智能布板上  点击 框选 轴网 按墙梁中心线 按梁中心线 按墙中心线 可以选择不同类型。

（2）布板形式。

（3）"点击"布板。选择不同区域生成板。选择"点击"后，再单击所要形成板的封闭区域即可，如图 7-1-10 所示。

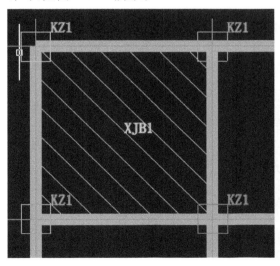

图 7-1-10

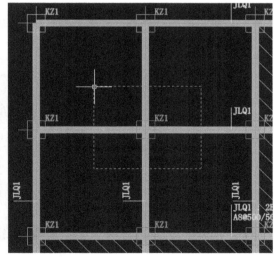

图 7-1-11

（4）"框选"布板。根据轴网、剪力墙、框架梁布置完成后，框选所要形成板的区域，如图 7-1-11 所示。

执行后就在此封闭区域内形成了板，如图 7-1-12 所示。

（5）"轴网"布板。选择"轴网"布板，光标由"箭头"变为"十"字形，在绘图区内框选轴线形成的区域，被选中的区域即可布置上指定的板。如果框选的区域已经有板存在，软件会提示：自动形成的板与已存在的板重叠，不能再生成板。如果框选的区域部分存在楼板，部分没有楼板，软件会提示：自动形成的板与已存在的板重叠，不能再生成板；同时没有楼板的区域自动形成板。

3. 板洞

鼠标左键单击"构件布置栏"中的"板"按钮，选择"板洞"图标，光标由"箭头"变为"十"字形，在活动布置栏鼠标左键单击"构件布置栏"中的"板洞"图标，在活动布置栏

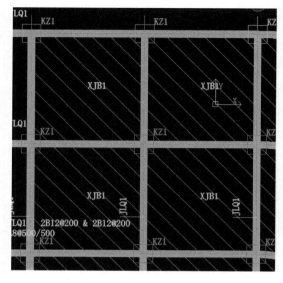

图 7-1-12

选择板的洞形状。

布置方法：

（1）矩形：单击鼠标左键选择矩形洞的第一点后鼠标下拉或上拉确定第一点到第二点矩形洞的对角线，完成矩形洞的绘制。

（2）圆形：单击鼠标左键选择圆形的圆心点，鼠标拉动确定圆形半径，完成圆形洞的绘制。

（3）异形：可以绘制直形边，也可以绘制弧形边，绘制到最后一点，单击鼠标右键闭合该板。方法与轴网创建中的自由画线相同。

注：板洞加筋：鼠标双击"板洞"进入构件属性定义，单击"断面选择"，弹出"板洞加筋"对话框，如图 7-1-13 至图 7-1-15 所示。

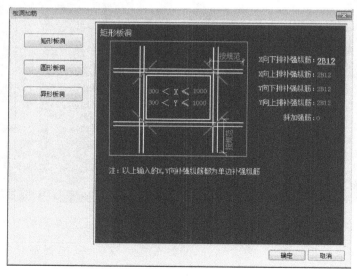

图 7-1-13

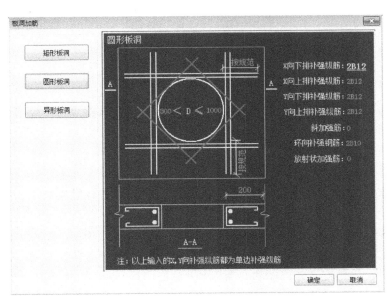

图 7-1-14

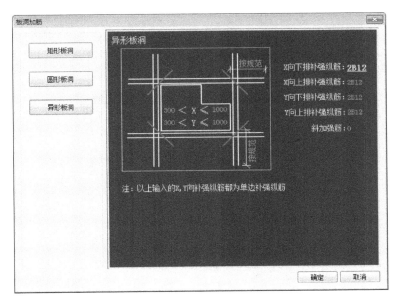

图 7-1-15

图 7-1-13 至图 7-1-15 分别表示断面中矩形、圆形、异形板洞的配筋形式,图示中 X、Y、D 分别表示洞宽的取值,可根据洞宽取值判断是否计算加筋。板洞加筋布置方法同板洞布置。

4. 坡屋面

(1)形成坡屋面轮廓线。单击左边中文工具栏中 形成轮廓线 图标,左下提示"选择构件",框选包围形成屋面轮廓线的墙体,右键单击"确定",弹出如图 7-1-16 所示对话框。

图 7-1-16

输入屋面轮廓线相对墙外边线的外扩量,右键单击"确定",形成坡屋面轮廓线的命令结束。

注意:包围形成屋面轮廓线的墙体必须封闭!

(2)绘制坡屋面轮廓线。单击左边中文工具栏中 ▨ **绘制轮廓线**图标,左下行提示"指定第一个点/按 Shift+左键输入相对坐标"依次绘制边界线,绘制完毕按回车键闭合,绘制坡屋面轮廓线结束。

(3)增加夹点。单击左边中文工具栏中 ▨ **增加夹点**图标,此命令主要用于调整坡屋面轮廓线,可通过拖动夹点处进行定位调整。

(4)形成单坡屋面板。单击左边中文工具栏中 ▨ **单坡屋面板**图标,左下行提示"选择轮廓线",左键选取一段需要设置的坡屋面轮廓线,弹出如图 7-1-17 所示对话框。输入基线标高和坡度角,单击"确定",单坡屋面设置完成。

图 7-1-17

(5)形成双坡屋面。单击左边中文工具栏中 ▨ **双坡屋面板**图标,左下行提示"选择轮廓线",左键选取第一段需要设置的坡屋面轮廓线,弹出图 7-1-17 的"斜板基线角度设定"框,输入边线的标高和坡度角,再选择第一段需要设置的坡屋面轮廓线,输入边线的标高和坡度角,单击"确定"即可。

(6)形成多坡屋面板。单击左边中文工具栏中 ▨ **多坡屋面板**图标,左下行提示"选择轮廓线",左键选取需要设置成多坡屋面板的坡屋面轮廓线,弹出"坡屋面板边线设置"对话框,如图 7-1-18 所示。设置好每条边的坡度和坡度角,单击"确定",软件自动生成多坡屋面板。

图 7-1-18

5. 梯段

新增楼梯梯段布置,同构件法,如图 7-1-19 所示。

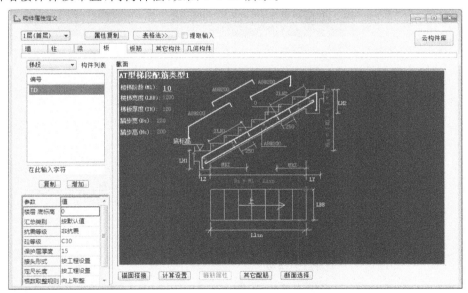

图 7-1-19

7.1.3 板筋属性设置

(1)单击属性界面"板筋"按钮切换到"板筋","构件列表"中选择"底筋",如图 7-1-20 所示。

在"构件列表"下拉选择板筋"大类"之下不同的"小类"构件类型,如图 7-1-21所示。

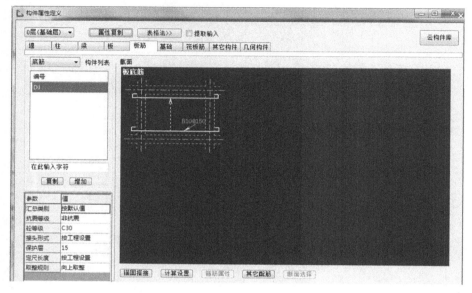

图 7-1-20

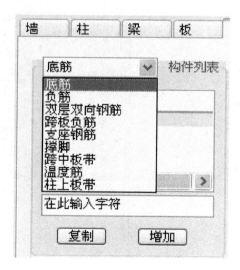

图 7-1-21

底筋、负筋、双层双向、"支座负筋"、"跨板负筋"的属性中的"截面对话框"没有长度的输入,其可在图形上直接输入。

（2）板的计算设置部分：

①在 16G 状态下，柱上板带下部底筋锚入支座长度默认为：Lae；下部底筋弯锚时，弯折长度默认为：15 * D。

②在 16G 状态下，柱上板带上部通长负筋支座锚固长度默认为：Lae；上部通长负筋弯锚时，最小弯折长度默认为：15 * D。

③在 16G 状态下，跨中板带下部底筋锚入支座长度默认为：max(12 * d,1/2 * b)；下部底筋弯锚时，弯折长度默认为：按锚固。

④在 16G 状态下，跨中板带上部通长负筋支座锚固长度默认为：Lae；上部通长负筋弯锚时，最小弯折长度默认为：15 * D。

⑤跨板负筋，计算跨中部分分布筋，如图 7-1-22 所示。

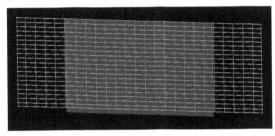

图 7-1-22

7.1.4　板筋布置

板筋的布置必须是在板生成以后。

鼠标左键单击左边的"构件布置栏"中的"板筋"图标，按钮展开后，具体命令包括"布受力筋""布支座筋""放射筋""圆形筋""楼层板带""撑脚""绘制板筋区域""智能布置""按板厚智能布置""布筋区域选择""布筋区域匹配"，如图 7-1-23 所示。

图 7-1-23

1.布受力筋

在中文布置栏上选择"板筋"。

在活动布置栏 单板布置 多板布置 横向布置 纵向布置 XY向布置 平行板边布置 上选择不同的布置方式。

(1)单板布置。单击"布受力筋"选择"单板布置",鼠标光标变为口,鼠标左键单击在一块板上,单块板的板筋就布置好了,如图 7-1-24 所示。

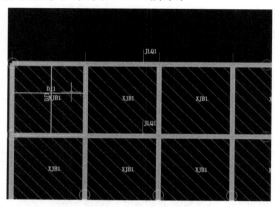

图 7-1-24

(2)多板布置。单击"布受力筋"选择"多板布置",鼠标光标变为口,左键选择到多块板上,被选中的板将变为紫色高亮显示。单击"鼠标右键"表示确定选中的板。鼠标左键点击在板上,多块板的板筋就布置好了,如图 7-1-25 和图 7-1-26 所示。

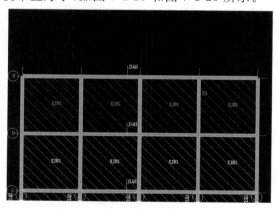

图 7-1-25

(3)横向布筋。动态参考坐标 X 方向布置钢筋,可布置底筋、负筋、跨板负筋及双层双向钢筋。

(4)纵向布筋。动态参考坐标 Y 方向布置钢筋,可布置底筋、负筋、跨板负筋及双层双向钢筋,如图 7-1-27 所示。

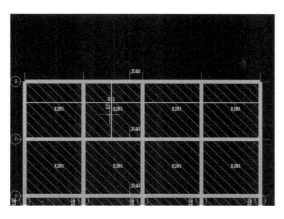

图 7-1-26

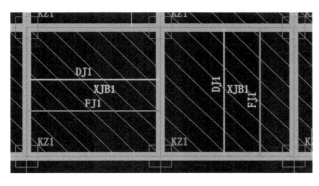

图 7-1-27

（5）XY 向布置。在图形界面中,动态参考坐标 XY 双向布置钢筋,可布置底筋、负筋及双层双向钢筋。

（6）平行板边布置。可以快速地按板边平行方向布筋,主要用于有转角板或弧形板里钢筋的布置。布置时单击鼠标左键选择板的某条边线,板的边线变为灰色后,然后鼠标左键点击所在板内布置即可。

提示:受力筋布置好以后,拖动板的夹点,受力筋会随着板变化而变化,如图 7-1-28 所示。

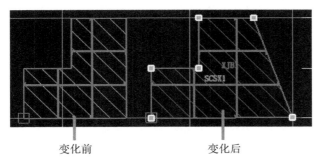

变化前　　　　　　　变化后

图 7-1-28

2.布支座筋

在中文布置栏上选择"布支座筋"出现图 7-1-29,选择不同的布置方式,并且可以输入"左支座"与"右支座"的距离。

图 7-1-29

(1)画线布置:两点一线快速地布置支座负筋,方法与轴网创建中的自由画线相同。

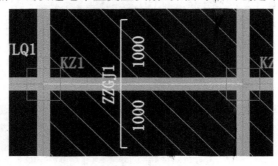

图 7-1-30

(2)按墙梁布置:快速地按墙或梁布置支座钢筋,执行命令,选择相应的墙或梁(浮动选中),单击鼠标左键布置。

(3)按板边布置:能快速地按板边布筋,其主要用于在有角度的板或弧形上布置支座负筋。执行命令,选择相应的板边(浮动选中的板边),单击鼠标左键,如图 7-1-31 所示。

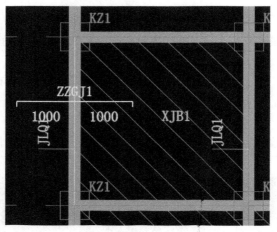

图 7-1-31

提示:以上三种布置支座负筋时,支座负筋可在图形界面上输入尺寸,图形会自动变化,并记忆上次数据。只要单击一下某一种类的支座负筋,再次布置支座负筋时的数据就与刚才单击的支座负筋的数据是相同的,类似格式刷的功能,如图 7-1-30 所示。

(4)"⬛"支座钢筋左右数值互换:当布置端支座钢筋时,可以按键盘上的 X 键,能在布置支座钢筋时快速地左右切换。

3.放射筋

放射筋主要用于放射钢筋的布置。布置时,软件需要判断是否只有一个圆心,并且圆心不在板内才可以布置。

4.圆形筋

圆形筋主要用于圆形钢筋的布置,默认仅为底筋。

5.楼层板带

在活动布置栏 定位: ▦▪ ▦▪ ▦⁺ 左边宽度: 1500 ✎ 上选择定位方式,输入相应的宽度,布置方式与自由画线中直线相同。

6.撑脚

撑脚主要用于基础底板、超厚楼板的受力钢筋的支撑。

7.绘制板筋区域

鼠标左键单击中文布置栏中 ▦板筋区域 ✓6 命令,实时控制栏中会显示出绘制方式 ◺矩形筋 ○圆形筋 ▱异形筋 ╱ ╱ ,选择合适的绘制方式后再按板筋的实际区域进行绘制,单击鼠标右键,弹出如图 7-1-32 对话框。

图 7-1-32

在"配筋设置"中,选择需要布置的钢筋名称,单击" 进入属性 "可直接对钢筋属性修改设置,选择后单击"确定"即可。钢筋则按布置的区域和选择的名称进行布置。

8.智能布置

选择需布置钢筋的类型 ,单击"智能布置",软件弹出如图 7-1-33 所示对话框。

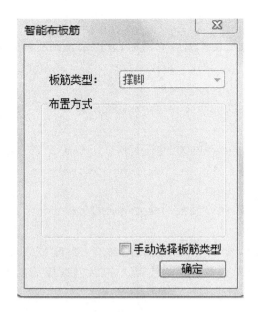

图 7-1-33

（1）板筋类型：按照之前选择的板筋类型，软件自动默认。

（2）板筋布置方式：钢筋的布置方法，根据需要选择 X、Y、XY 方向的布置方式。

（3）手动选择板筋类型：勾选"手动选择板筋类型"可以在"智能布置板筋"内重新选择板筋类型，而不是按照之前设置的板筋类型，软件默认。

9.布筋区域选择

具体操作步骤见"CAD 电子文档的转化"→"各构件转化流程"→"板筋布筋区域选择命令"。

10.布筋区域匹配

具体操作步骤见"CAD 电子文档的转化"→"各构件转化流程"→"板筋布筋区域匹配命令"。

11.拱形板

当遇到拱形板布置时，用"构件布置栏"的"拱形板" 拱形板 ↓3 进行布置。

单击"拱形版"命令后，鼠标会变成"十"字形光标，选择板所在位置绘制，如图 7-1-34 所示。这样拱形板就设置完成。

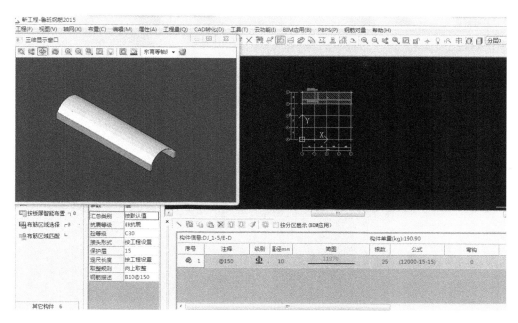

图 7-1-34

12. 汽车坡道(扭板)

当遇到汽车坡道(扭板),先布置一块板,用"汽车坡道调整"命令进行调整。

单击"汽车坡道调整"命令后,鼠标会变成"口"字形,"选择构件"中选择边输入标高,输入两边,汽车坡道(扭板)就完成了。

7.2　A办公楼楼板、板筋的创建

视频 7-4

7.2.1　A办公楼楼板布置

在导入CAD图之前,先转化钢筋符号,将Φ转化为A,Φ转化为B,Φ转化为C,同时将"附加"删除,可使用替换命令,如"附加Φ6@200"替换成"C6@200",用于鲁班软件对钢筋符号的识别。A办公楼图纸的支座负筋每端伸出支座中心1000,软件识别其总长度,即2000。以需将数值1000替换成2000。

按之前章节所述方法导入CAD图纸,在转化钢筋之前先生成楼板,在属性定义里增加LB120、LB150两种楼板类型。如图7-2-1所示。

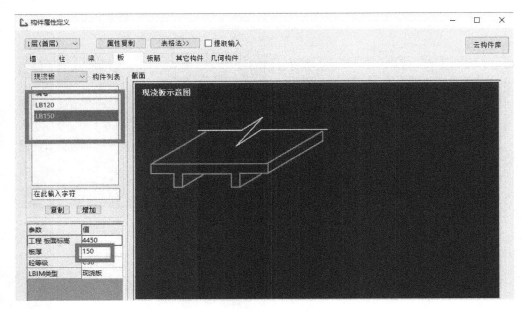

图 7-2-1

在"板"下拉菜单中选择"快速成板",用 LB120 快速成板,在"自动成板选项"对话框中选择"按梁中线生成",单击"确定"。如图 7-2-2 所示。

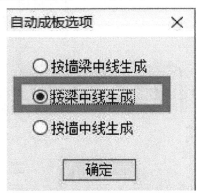

图 7-2-2

生成的楼板如图 7-2-3 所示。

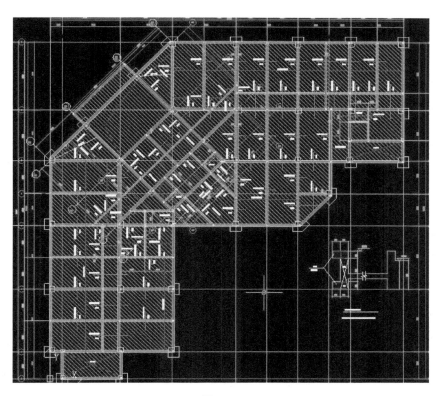

图 7-2-3

选择 150 厚的板区域,单击"构件名称",将其替换成 LB150,如图 7-2-4 所示。

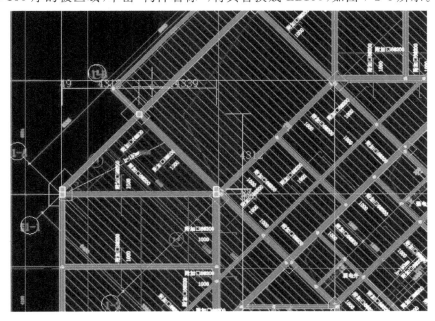

图 7-2-4

替换完成之后,选择所有开孔的板块单击"删除",如图 7-2-5 所示。

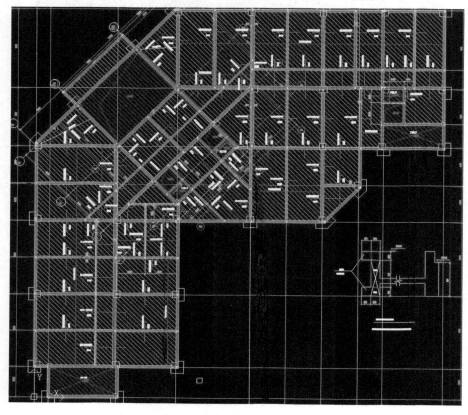

图 7-2-5

选择卫生间的楼板板块,调整构件标高,设置工程板面标高为 4430,如图 7-2-6 所示。

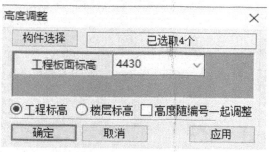

图 7-2-6

调整好的卫生间楼板呈深色,表示楼板有局部沉降,如图 7-2-7 所示。

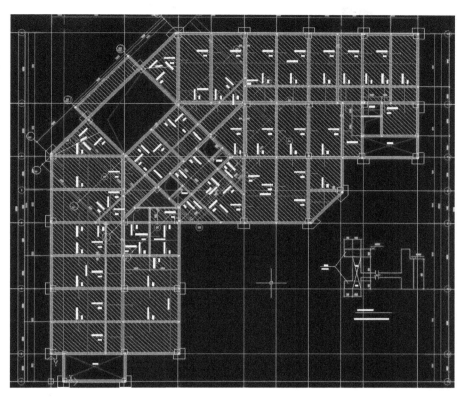

图 7-2-7

7.2.2 A 办公楼转化板筋

A 办公楼楼板钢筋可采用 CAD 转换。选择 CAD 转换板筋,因为已经有梁支座,不需要提取支座和自动识别支座,选择"提取板筋",接着依次点击"提取板筋线""提取板筋名称及标注"。注意提取时,各项提取内容要选全,如图 7-2-8 所示。

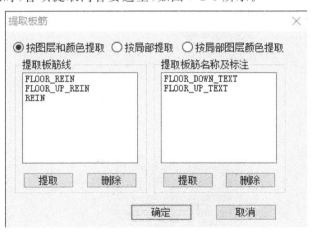

图 7-2-8

　　选择"自动识别板筋",选择支座判断条件为"以已有墙、梁构件判断支座",底筋选择"端部 135 度弯钩",其余钢筋选择"端部 90 度弯钩"。如图 7-2-9 所示。

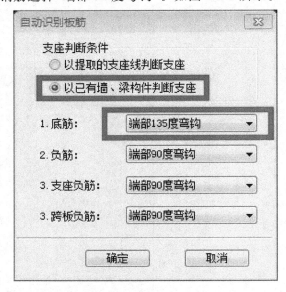

图 7-2-9

　　转化应用。勾选对话框中"板筋"选项,并勾选对话框最下部"删除已有构件",然后单击"确定",如图 7-2-10 所示。

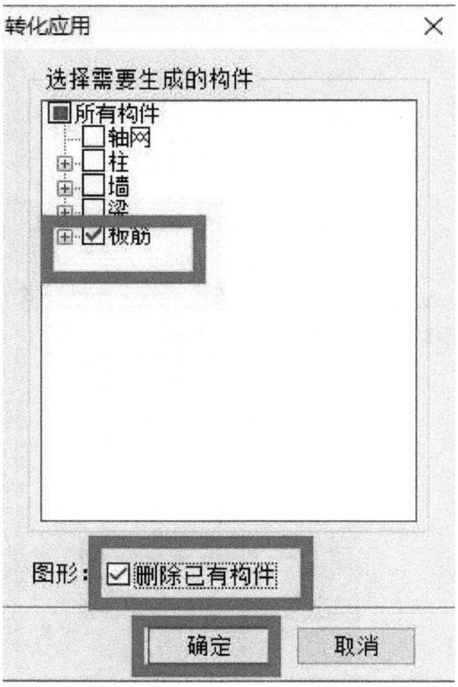

图 7-2-10

144

选择板筋下拉菜单中的"布筋区域匹配",跳出"布筋区域匹配"对话框,分别选择"支座钢筋""底筋""面筋"进行布筋区域匹配。支座钢筋按照"按最小区域布筋""按最大区域布筋"分别匹配一次,如图7-2-11和图7-2-12所示。

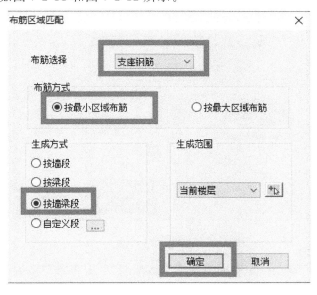

图 7-2-11

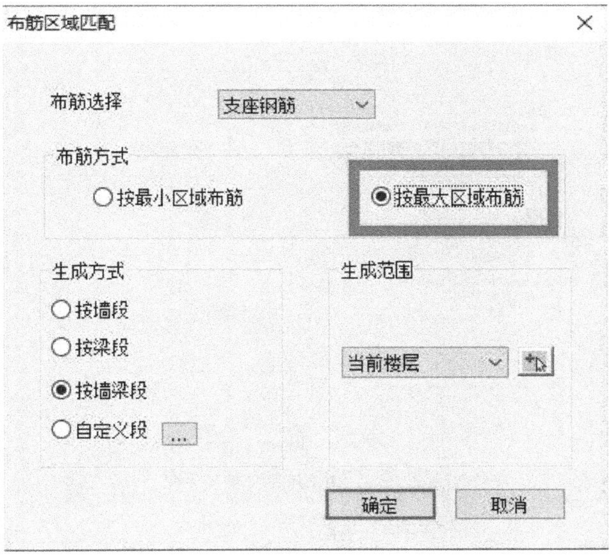

图 7-2-12

底筋按照"按最小区域布筋"进行匹配。A办公楼要求楼板底筋拉通布置,所以在底筋生成方式中,选择"多板布置",然后单击"确定",如图7-2-13所示。

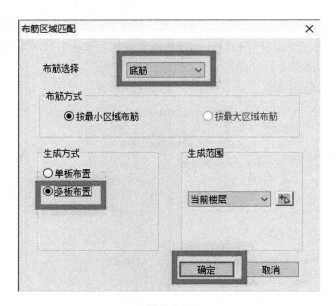

图 7-2-13

楼板面筋按照"按最小区域布筋",生成方式按照"单板布置""多板布置"各匹配一次,如图 7-2-14 和图 7-2-15 所示。

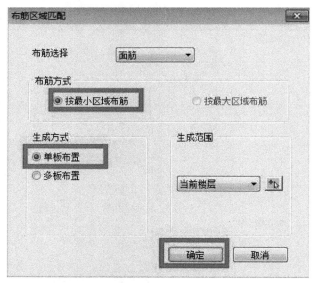

图 7-2-14

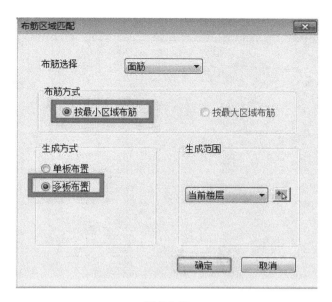

图 7-2-15

匹配好钢筋的 A 办公楼楼板如图 7-2-16 所示。

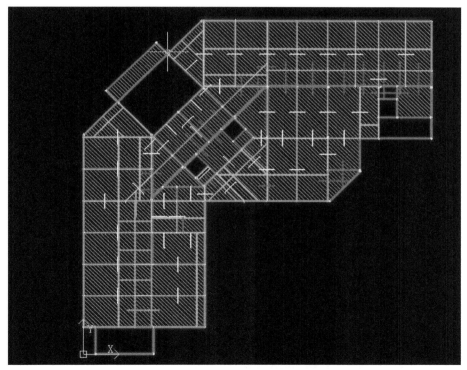

图 7-2-16

注意：钢筋区域匹配完成后，会出现部分钢筋未能生成的情况，在软件中呈红色（圈出部分）显示，如图 7-2-17 所示。

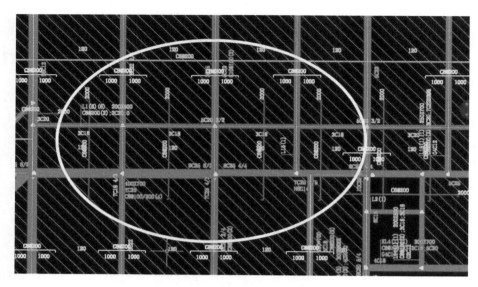

图 7-2-17

此时，应按以下方法进行操作。选择"布筋区域选择"，如图 7-2-18 所示。

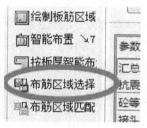

图 7-2-18

在绘图区域先选择红色未生成的跨板负筋，再选择所跨楼板，单击鼠标右键确定，如图 7-2-19 所示。

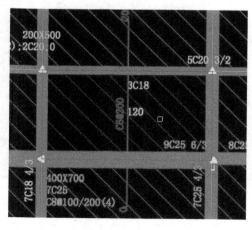

图 7-2-19

生成后,修改跨板负筋伸出支座长度,图中显示伸出支座长度不正确,如图 7-2-20 所示。修改伸出支座长度,直接单击数值 2000,修改为 1000,另一端将 0 修改为 1000。

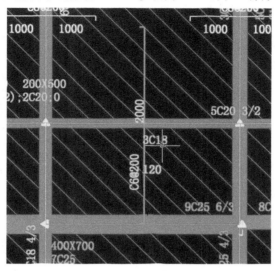

图 7-2-20

修改后的跨板负筋如图 7-2-21 所示。

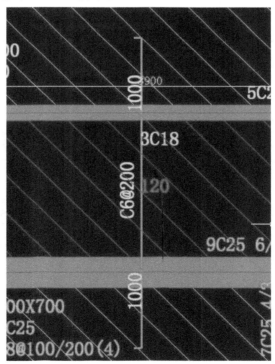

图 7-2-21

修改后的 A 办公楼附加钢筋如图 7-2-22 所示。

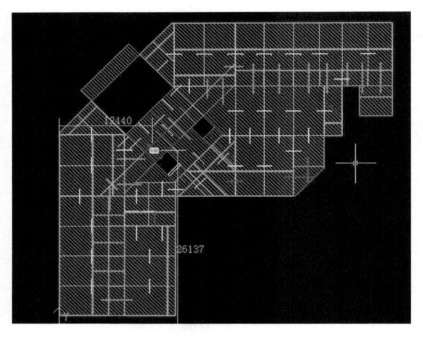

图 7-2-22

最后,布置底筋楼板的底筋和负筋还没有添加,需要重新布置。A 办公楼要求 C8@200 双层双向拉通布置,所以在本工程,各板块之间的底筋、负筋能通则通。选择布受力筋,底筋 C8@200,多板布置,横向布置,选择需要布置的板块。用同样方法布置纵向底筋,横向和纵向负筋。如图 7-2-23 所示。

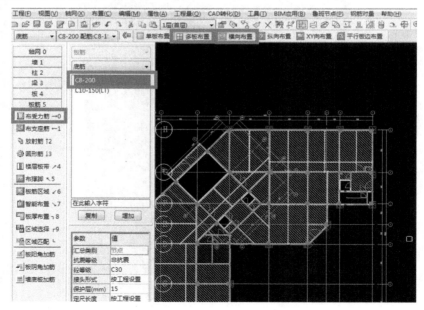

图 7-2-23

部分区域选板边布筋,主要用于转角板或弧形板里钢筋的布置。布置时左键选择板的某条边线,板的边线变成灰色后,鼠标左键单击所在板内布置即可。如图 7-2-24 所示。

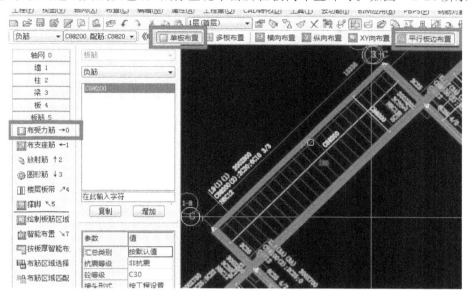

图 7-2-24

底筋、负筋全部布置好如图 7-2-25 所示。

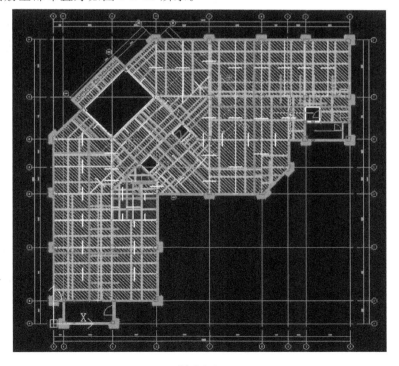

图 7-2-25

布置撑脚,选择"撑脚"命令,设置撑脚名称"C8@1000",属性定义修改成"C8@1000",如图7-2-26所示。

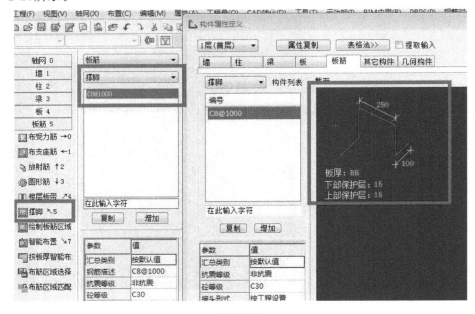

图 7-2-26

选择"智能布置",板筋类型为"撑脚""C8@1000",单击"确定",如图 7-2-27 所示。

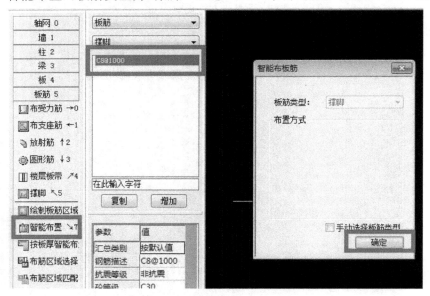

图 7-2-27

框选整个图形,单击鼠标右键,完成撑脚的布置,如图 7-2-28 所示。

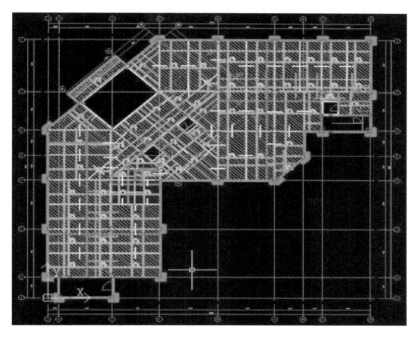

图 7-2-28

7.3 板筋建模标准及注意事项

7.3.1 板筋建模标准

板筋建模标准如表 7-3-1 所示。

表 **7-3-1**

构件名称	图纸	命名方式	软件布置构件	注意事项
底筋	严格按照图纸	C8-200		无特殊说明,单板布置
面筋	严格按照图纸	C8-200		无特殊说明,多板布置
跨板负筋	严格按照图纸	C8-200		
支座筋	严格按照图纸	C8-200(如果图纸有特殊符号,标注为 1 就设置名称为 1)		
马镫筋		C8	智能布置	绝大多数为 $1m^2$ 1 个,浙江 03 定额规定 $1m^2$ 4 个,软件间距定义为 500
跨中板带		KZB(2000)	也可以用绘制板筋区域来做,板筋名称同底筋、面筋	
柱上板带		ZSB(2000)		

构件名称	图纸	命名方式	软件布置构件	注意事项
楼层板		200		如果需要删除板,全部画出板洞扣除,然后再把板删掉
地下室板		200(-1.5)		如果有 LB1,按照图纸

7.3.2 注意事项

(1)对于自动形成不了的板,进行自由绘制。自由绘制时应注意偏差问题,尽量捕捉相对应的点进行布置。

(2)对板筋的计算规则的设定。例如,底筋的锚固有的工程为15D,支座钢筋的标注尺寸是按边线。

【任务拓展】

根据 A 办公楼中二层平面结构布置图,完成二层板的布置,布置每一块楼板板筋。

在线测试

任务8　其他构件钢筋建模

【学习目标】

1.掌握鲁班钢筋中其他构件如后浇带、拉结筋、自定义线性构件等的属性定义。

2.掌握其他构件的布置方法。

【任务导引】

1.A办公楼工程中拉结筋属性定义及布置。

2.A办公楼工程中自定义线性构件属性定义及布置。

8.1　其他构件属性定义及布置

视频 8-1

8.1.1　后浇带

后浇带属性定义如图 8-1-1 所示。

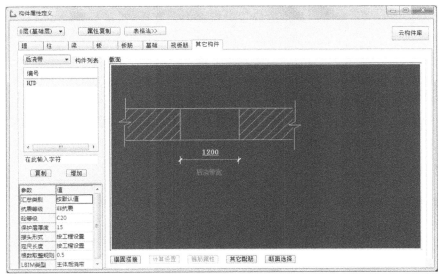

图 8-1-1

在图 8-1-1 所示对话框中可以对后浇带的宽度进行设置。

软件可自动读取与后浇带相交的板墙梁构件的长度、高度及数量。根据相交长度计算后浇带钢筋。

单击图 8-1-1 中的绿色界面,进入后浇带配筋设置,可分别对板内、墙内和梁内的后浇带钢筋进行设置,如图 8-1-2 所示。

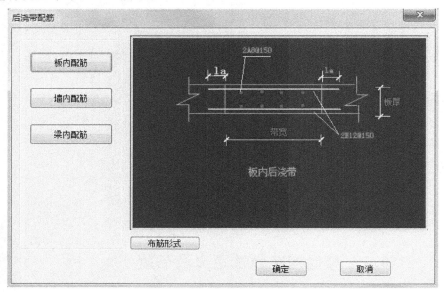

图 8-1-2

图 8-1-2 中的锚固值参数 la 处支持输入具体数值,梁内配筋支持输入梁高尺寸信息和加强筋信息,如图 8-1-3 所示。

单击 [布筋形式] 可以选择当前后浇带的内部组合方式,如图 8-1-4 所示。

注意:

(1)属性定义中,可对板内、墙内和梁内的后浇带钢筋进行分别设置;

(2)后浇带可根据梁的不同高度,自动计算钢筋的根数;

(3)后浇带必须同相对应的构件相交,内部配筋才生效。

在构件属性定义栏右下角,单击 [其它配筋],可以对其他类型的钢筋进行自定义,如图 8-1-5所示。

8.1.2 拉结筋

拉结筋构件属性定义,如图 8-1-6 所示。

注意:

(1)构件属性定义中可以设置拉结筋的根数、直径、级别、间距和拉结筋伸入墙中的长度;

(2)拉结筋只能在砖墙和柱相交的地方生成,需要布置砖墙和柱;

(3)拉结筋为寄生构件不可以移动;

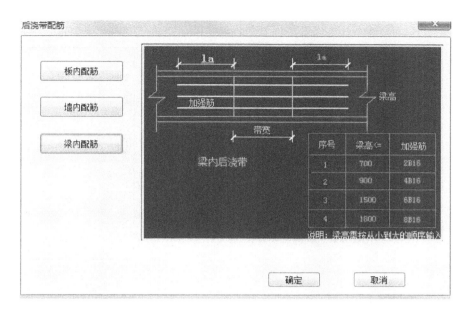

图 8-1-3

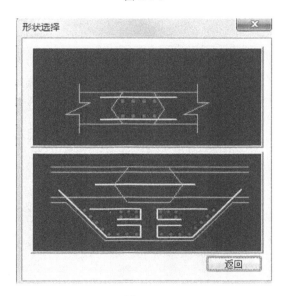

图 8-1-4

（4）拉结筋计算设置项 10 的端部做法可以下拉选择植筋。端部做法选择植筋后，项 11 才会生效，如图 8-1-7 所示。

拉结筋计算设置如图 8-1-8 所示。

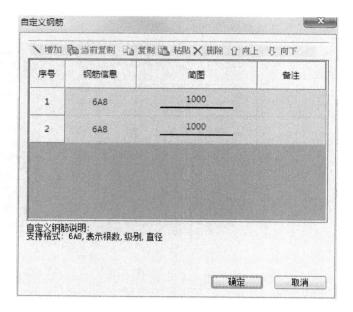

图 8-1-5

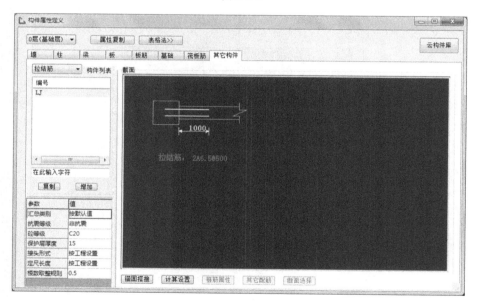

图 8-1-6

10	拉结筋端部做法	植筋

图 8-1-7

注意:

(1)拉结筋的计算设置中,包括:起步位置(距楼面),非贯通筋拉结筋锚入支座长度。

(2)拉结筋的节点设置,包括:拉结筋外伸端部形状选择,一字形墙节点,十字形墙节点,

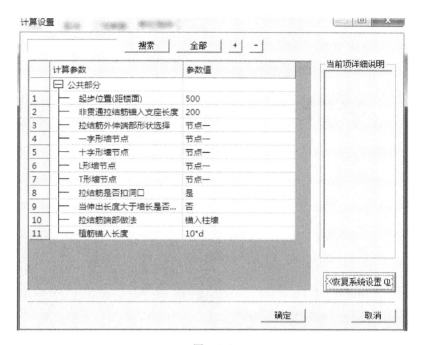

图 8-1-8

L 形墙节点，T 形墙节点。T 形节点拉结筋如图 8-1-9 所示。

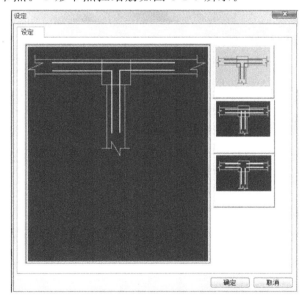

图 8-1-9

拉结筋布置，单击命令 ▦ 拉结筋 ←1，实时对话栏弹出 ▦ 点选布置 ▦ 智能布置 。

单个布拉结筋：单击 ▦ 点选布置，鼠标变为"十"字形光标，单击柱边和墙相交的地方，软件会根据墙的方向自动生成一根拉筋。

批量布拉结筋:单击 智能布置,鼠标变为"□"字形光标,再框选或点选相对应的墙和柱。单击鼠标右键确认完成。

操作技巧:智能布置支持过滤器,可以通过过滤器选择需要生成拉结筋的构件,如图8-1-10所示。

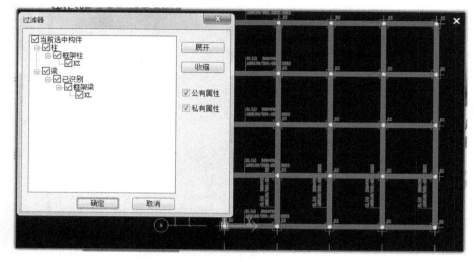

图 8-1-10

提示:需要先选中构件,过滤器才会生效。

8.1.3 自定义线性构件

1.属性定义

自定义线性构件的属性定义与自定义框架柱操作方法一致。

2.布置方法

自定义线性构件的布置方法同梁、墙等线性构件。自定义线性构件的合并,操作方法同水平折梁。

自定义线性构件的智能布置,线性构件可以按轴网、构件、CAD线条智能生成。

3.支座设置

自定义线性构件的支座是分布筋计算时需要扣减的区域。

支座设定可以选择柱大类中所有的小类,梁大类中除吊筋外所有的小类,墙大类中所有小类,板大类中所有小类,基础大类中所有小类。如图8-1-11所示可对自定义构件单独设定支座。

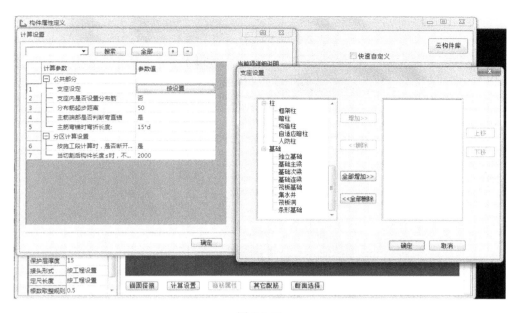

图 8-1-11

8.1.4　建筑面积

可以通过自由绘制建筑面积的方式,将建筑面积自动录入"工程设置"中的"楼层设置"分项下的"建筑面积"一栏中。

可以用自动生成建筑面积的方式,快速沿构件外边线形成建筑面积,形成白色的建筑面积线后,面积会在旁边显示,也会在楼层设置建筑面积中体现。

8.2　A 办公楼其他构件布置

视频 8-2

8.2.1　A 办公楼拉结筋设置

A 办公楼结构施工图图纸结施 01-2 结构设计总说明二中的第 10.1.2 条后砌填充墙拉结构造,要求后砌填充墙应沿框架柱或剪力墙全高设为 2C6(墙厚大于 240mm 时为 3C6)@500 拉结筋,拉结筋沿墙全长贯通设置。

在"墙"→"砖墙属性"面板中设置墙体加强筋为 2C6－500,如图 8-2-1 所示。

图 8-2-1

以 200 墙为例,双击构件编号"Q200",弹出"构件属性定义"界面,如图 8-2-2 所示。

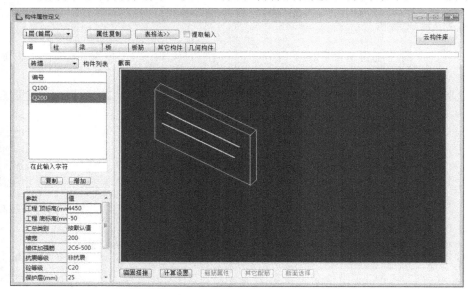

图 8-2-2

单击"计算设置",弹出"计算设置"选项栏,如图 8-2-3 所示。

图 8-2-3

8.2.2　A办公楼线性构件布置

以小屋面平面结构布置图为例,选择小屋面平面布置图中 1－B～1－C,1－1～1－2 处的"女儿墙大样图三",创建女儿墙自定义线性构件,选择"其他构件"→"自定义线性构件",增加新样式,命名为"女儿墙大样图三",如图 8-2-4 所示。

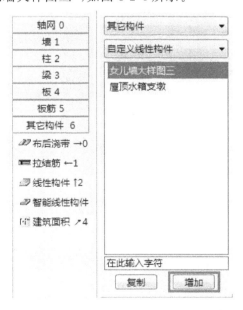

图 8-2-4

在属性面板中设置工程顶标高为 24900,汇总类别选择"女儿墙",如图 8-2-5 所示。

参数	值
工程 顶标高(m	24900
汇总类别	女儿墙
抗震等级	非抗震
砼等级	C20
保护层(mm)	15
接头形式	按工程设置
定尺长度	按工程设置
根数取整规则	向上取整
是否三维显示	是
LBIM类型	自定义线性构

图 8-2-5

双击构件列表中"女儿墙大样图三",弹出"构件属性定义"对话框,如图 8-2-6 所示。在截面绘图框内,选择"自定义断面",编辑女儿墙大样边缘轮廓,调整各边尺寸,并将夹点置于轮廓左下角,以方便在模型中正确放置女儿墙,如图 8-2-7 所示。

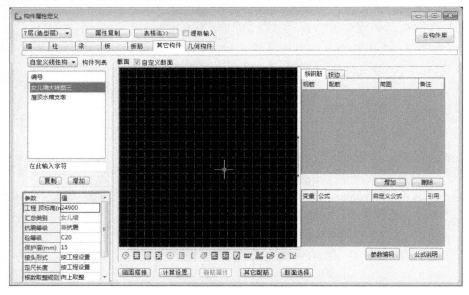

图 8-2-6

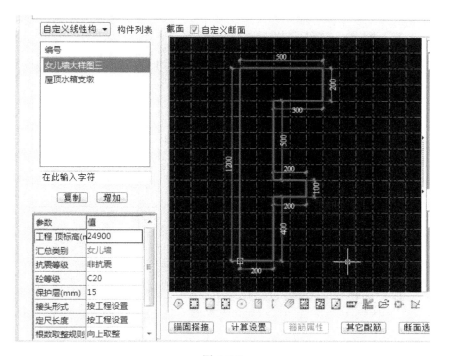

图 8-2-7

　　轮廓布置完后，开始布置钢筋。先布置主筋 14C12，采用"点布主筋"方式，如图 8-2-8 所示。接着布置箍筋在该线性构件中，箍筋不是观测的箍筋，故需采用施筋的方式绘制，绘制完成后双击"组合筋"，跳出"弯钩设置"对话框，取消勾选"带弯钩"，单击"确定"，如图 8-2-9 所示。

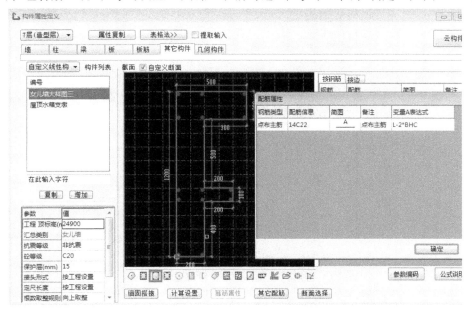

图 8-2-8

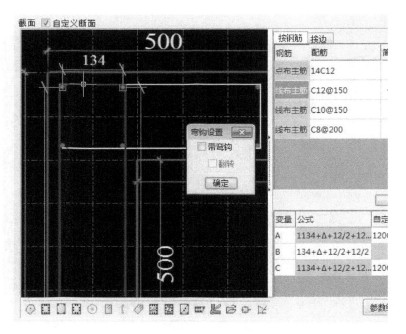

图 8-2-9

　　线布主筋 C12@150，A 边和 C 边长度需增加锚固长度。在对话框下部公式栏中 A、C 后面勾选"引用"，在自定义公式中输入"1200＋Lae"，如图 8-2-10 所示。

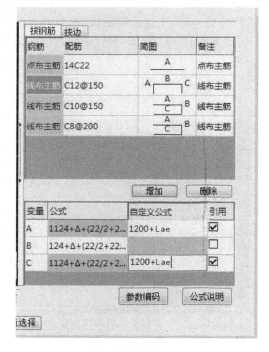

图 8-2-10

修改"点布主筋",在对话框中分别输入钢筋数值 22C12,4C8,如图 8-2-11 所示。

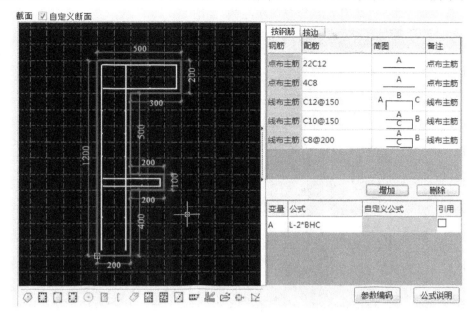

图 8-2-11

关闭以上属性定义面板,完成钢筋设置。选择"自定义线性构件"→"女儿墙大样图三",单击"线性构件",开始布置女儿墙,如图 8-2-12 所示。

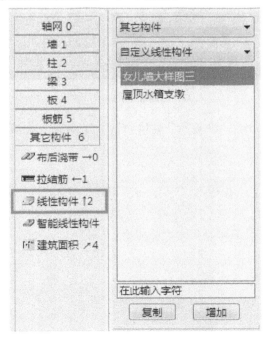

图 8-2-12

沿着屋面梁外边线绘制女儿墙路径,绘制完成后,对每个转角处进行倒角,因连续构件最多只能合并两个转角,故对女儿墙分两次绘制,如图 8-2-13 所示。

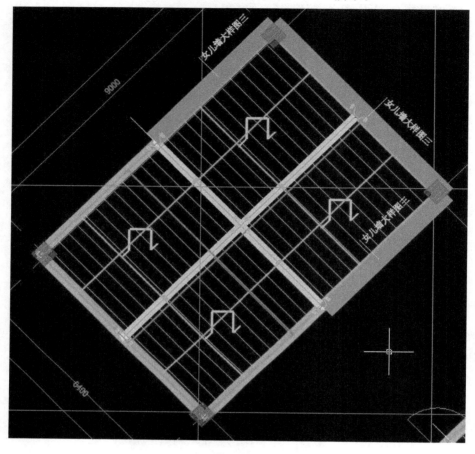

图 8-2-13

单击"三维显示",弹出"三维显示"窗口,此时会发现女儿墙的内外面是相反的,如图 8-2-14所示。

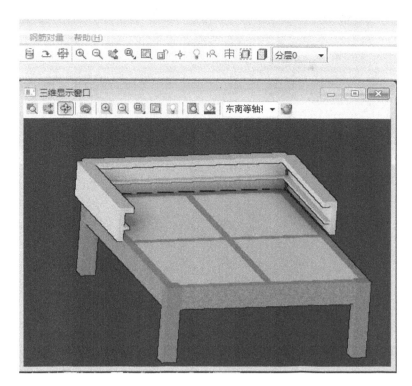

图 8-2-14

选择工具面板中"设置偏向"工具,单击鼠标左键选择三道女儿墙,单击鼠标右键确定翻转,修改后的效果如图 8-2-15 所示。

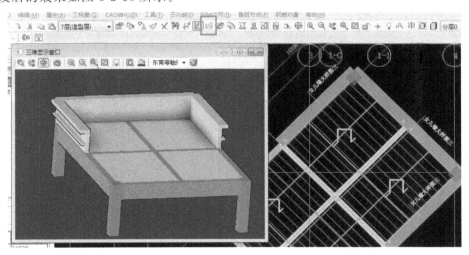

图 8-2-15

单击工具栏中"构件合并"图标,选择相邻的两道女儿墙,单击鼠标右键完成构件合并,如图 8-2-16 所示。

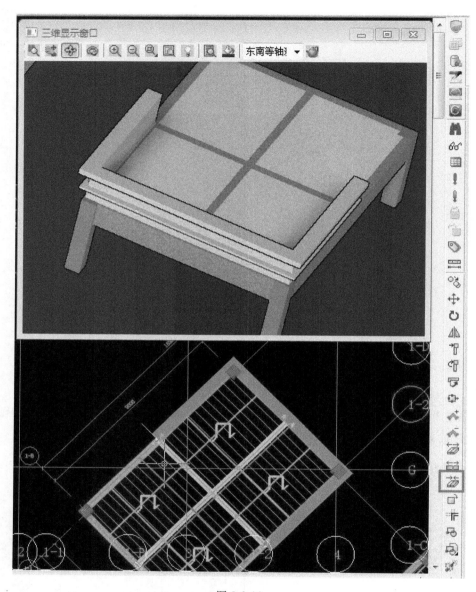

图 8-2-16

　　用同样的方法创建另一半女儿墙,也可以利用镜像的方法进行创建,最后完成"女儿墙大样三"的模型创建,如图 8-2-17 所示。

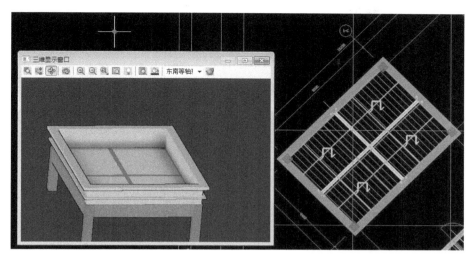

图 8-2-17

【任务拓展】

完成 A 办公楼空调板、檐沟等线性构件的钢筋模型创建。

在线测试

任务9 楼梯钢筋建模

【学习目标】

1. 掌握楼梯梯段、梯梁、梯柱的属性定义。
2. 掌握楼梯梯段、梯梁、梯柱、休息平台的布置。

【任务导引】

1. 识读 A 办公楼楼梯结构详图。
2. 对 A 办公楼楼梯梯段、梯梁、梯柱、休息平台分别进行属性定义及布置。

9.1 楼梯梯段属性定义及布置

视频 9-1

楼梯构件布置应避免楼梯的梁、梯段板与楼层框架梁和板重叠,并将分层选为分层 1,使楼梯的构件都创建在分层 1。如图 9-1-1 所示。

图 9-1-1

然后将楼梯图纸导入鲁班钢筋软件中,把楼梯的一层平面图移动到指定的位置,并将Ⓐ—②交点与坐标原点对齐,如图 9-1-2 所示。

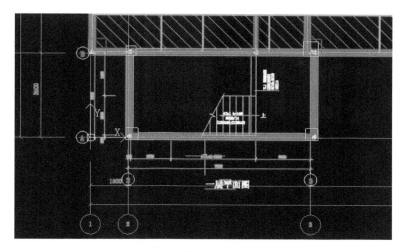

图 9-1-2

依次点选创建"梯段板"→"梯段"中创建 ATa1 型梯段板,在汇总类别中归类为"楼梯",为后期按类别出量提供方便,如图 9-1-3 所示。

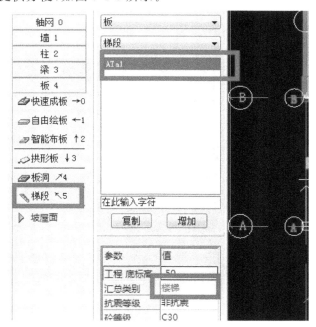

图 9-1-3

梯段类型选择"AT 型楼梯",在 A 办公楼项目中,应选择最后一种梯段板类型,单击"确定",如图 9-1-4 所示。

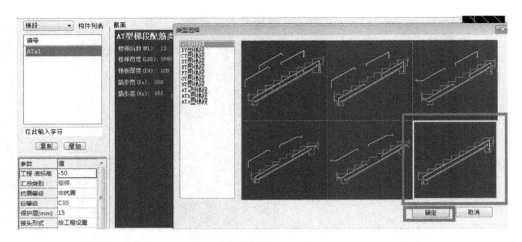

图 9-1-4

在梯段截面属性中按照图纸图示内容进行设置,其中,楼梯阶数＝楼梯级数－1,在这里为 13,楼梯宽度输入 1640,楼板厚度为 140,踏步宽度 260,踏步高 161,设置上部受力钢筋为 C12@150,下部受力钢筋为 C12@150,如图 9-1-5 所示。

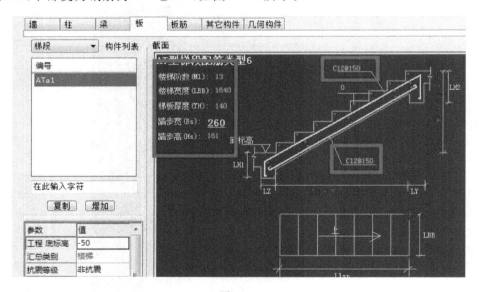

图 9-1-5

梯段板的分布筋在"计算设置"对话框中进行设置,修改分布筋描述为 C10@150,如图 9-1-6所示。

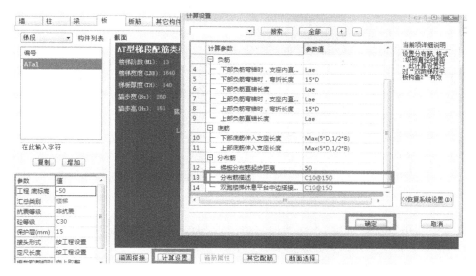

图 9-1-6

选择"ATa1",单击"复制"。复制 ATa1 型梯段修改为 ATb1,同时修改相应的信息,然后在图纸相应的位置创建 ATa1 型梯段。如图 9-1-7 所示。

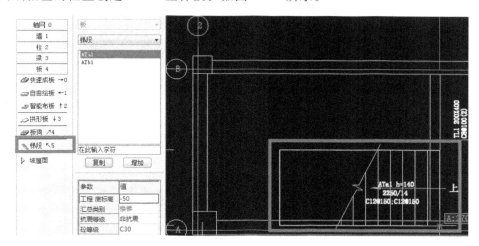

图 9-1-7

用三维显示,发现梯段的方向错误,如图 9-1-8 所示。

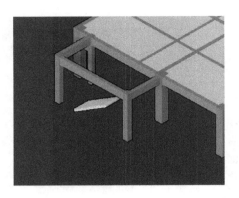

图 9-1-8

在模型中利用"镜像"选项,不保留原对象修改梯段方向,重新移动梯段到指定的位置,如图 9-1-9 所示。

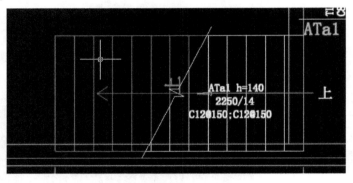

图 9-1-9

用同样的办法移除一层楼梯平面图,移入二层楼梯平面图,绘制 ATb1 梯段,如图 9-1-10所示。

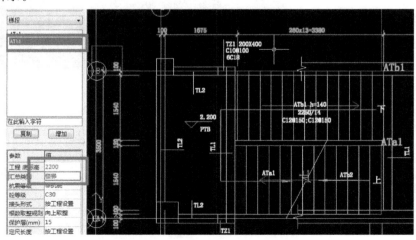

图 9-1-10

9.2　楼梯梯柱属性定义及布置

在"构件属性定义"对话框中,选择在"柱"→"框架柱"中创建类型为"TZ1"的梯柱,在汇总类别中归类为"楼梯",为后期按类别出量提供方便,如图 9-2-1 所示。

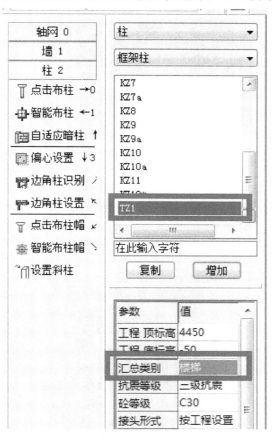

图 9-2-1

双击"TZ1",进入"构件属性定义"对话框,勾选"自定义断面",单击"断面选择"按钮,进入"柱断面类型选择"界面,如图 9-2-2 所示。

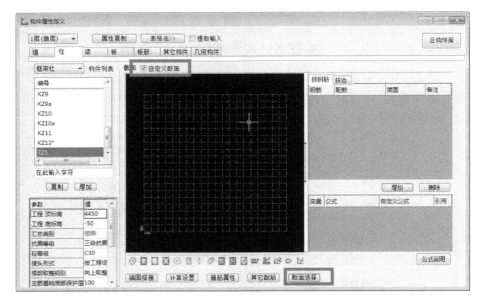

图 9-2-2

选择"系统断面"中的矩形自定义断面,如图 9-2-3 所示。

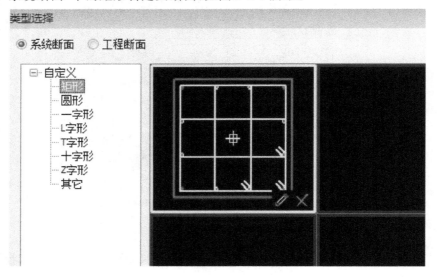

图 9-2-3

编辑 TZ1 断面尺寸与配筋信息,再单击布置柱,编辑与放置方法同框架柱,如图 9-2-4 所示。

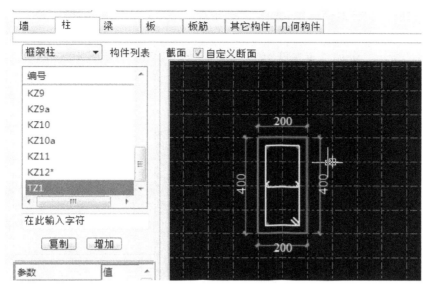

图 9-2-4

9.3 楼梯梯梁属性定义及布置

在"构件属性定义"对话框中,选择类型编号为"梁"→"次梁"中创建类型 TL1 的梯梁,在汇总类别中归类为"楼梯",为后期按类别出量提供方便,如图 9-3-1 所示。

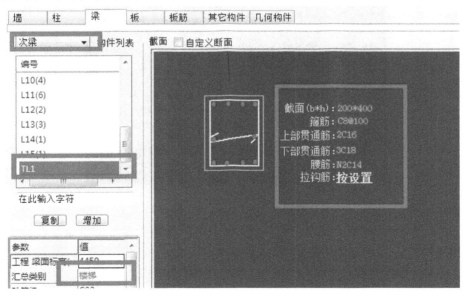

图 9-3-1

在"构件属性定义"对话框中,选择"其他构件"→"自定义线性构件"创建"滑动支座一",在汇总类别归类为楼梯,为后期按类别出量提供方便。勾选"自定义断面",根据图纸编辑断面,如图 9-3-2 所示。添加点布主筋 4C20,线布主筋 C10@100 如图 9-3-2 所示。

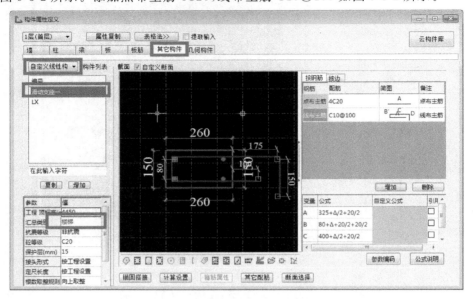

图 9-3-2

在创建支座时可以考虑将梯段中的钢筋与滑动支座创建在一起,如图 9-3-3 所示。

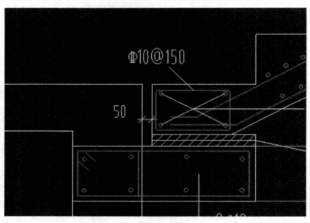

图 9-3-3

采用相同的方法在"构件属性定义"对话框中选择"其他构件"→"自定义线性构件",创建"滑动支座二",在汇总类别中归类为"楼梯",为后期按类别出量提供方便。勾选"自定义断面",根据图纸编辑断面,如图 9-3-4 所示,添加点布主筋 4C12(勾选下方"引用",自定义公式 L+2*LA),如图 9-3-4 所示。

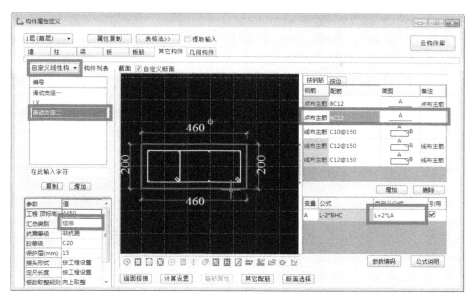

图 9-3-4

在"滑动支座二"创建对话框中,添加梯段中的箍筋,在线布主筋中添加 C10@150,设置 A＝230,B＝120,勾选"引用",如图 9-3-5 所示。

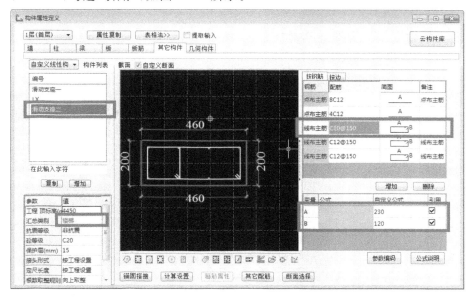

图 9-3-5

用同样的方法,在"构件属性定义"对话框中选择"梁"→"次梁",创建类型为 TL2 的梯梁,在汇总类别中归类为"楼梯",为后期按类别出量提供方便,如图 9-3-6 所示。

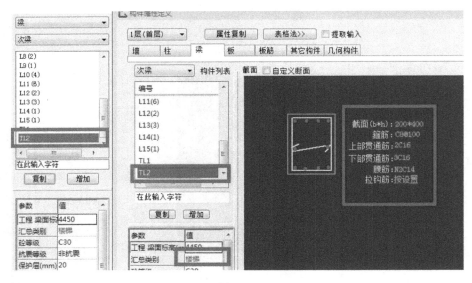

图 9-3-6

9.4 创建楼梯平台板

在"构件属性定义"对话框中选择"板"→"现浇板",创建平台板 PTB,板厚设置为 120。在绘图区域进行自由绘板,绘制方法同板,如图 9-4-1 所示。

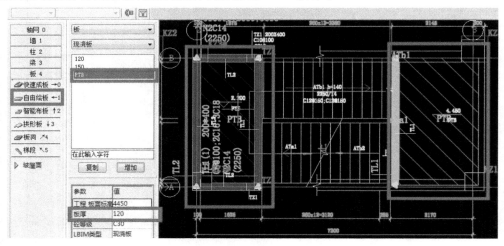

图 9-4-1

在"构件属性定义"对话框中,选择"板筋"→"底筋",创建平台板底筋"PTBC10@150",在汇总类别中归类为"楼梯",为后期按类别出量提供方便。钢筋描述为 C10@150,如图 9-4-2所示。

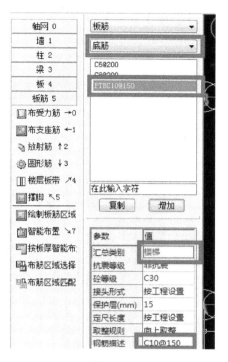

图 9-4-2

在"构件属性定义"对话框中,选择"板筋"→"负筋",创建平台板负筋"PTBC10@150",在汇总类别中归类为"楼梯",为后期按类别出量提供方便。钢筋描述为 C10@150,如图 9-4-3 所示。

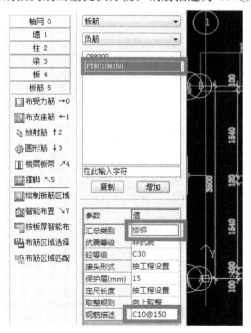

图 9-4-3

选择"板筋"→"底筋"→"PTBC10@150",选择 XY 向布置,在板中布置 X 向和 Y 向的受力钢筋,如图 9-4-4 所示。平台板的负筋布置方法同底筋一样,如图 9-4-5 所示。

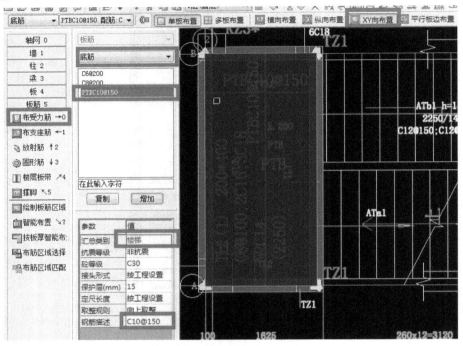

图 9-4-4

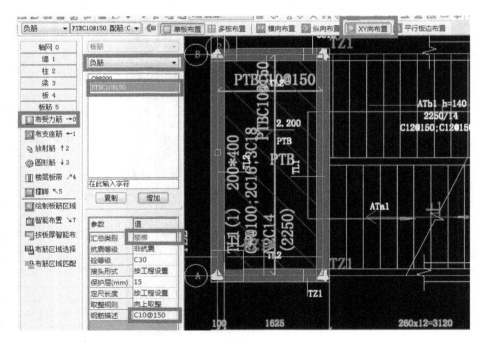

图 9-4-5

在"构件属性定义"对话框中,选择"板筋"→"撑脚",创建撑脚钢筋,在汇总类别中归类为"楼梯",为后期按类别出量提供方便。钢筋描述为 C8@1000,选中平台板布置撑脚,如图 9-4-6 所示。

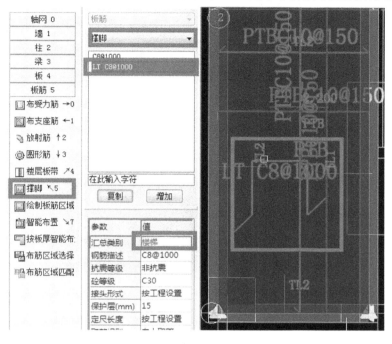

图 9-4-6

选中需要复制的楼梯构件,选择"楼层原位复制",勾选"2 层(普通层)"单击"确定",粘贴至 2 层,如图 9-4-7 所示。

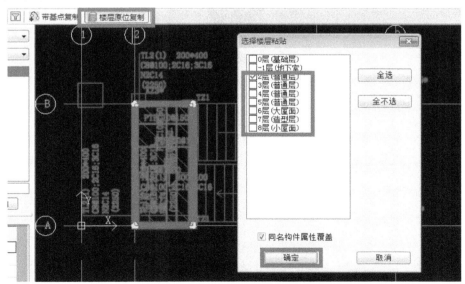

图 9-4-7

复制后的三维效果如图 9-4-8 所示。

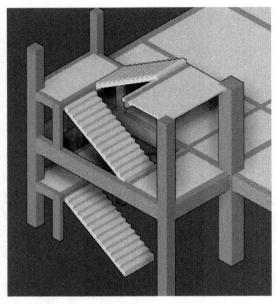

图 9-4-8

【任务拓展】

完成 A 办公楼中 1♯、2♯ 楼梯的钢筋模型建模。

在线测试

任务 10　基础构件钢筋建模

【学习目标】

1. 掌握各类基础构件如承台、集水井、筏板等的属性定义。
2. 掌握各类基础构件的布置。

【任务导引】

1. 识读 A 办公楼基础结构平面图。
2. 对 A 办公楼基础筏板、集水井、承台、基础梁分别进行属性定义及布置。

视频 10-1

10.1　基础属性设置

单击属性界面"基础"按钮切换到"基础","构件列表"中选择"独立基础",如图 10-1-1 所示。基础的属性设置只在 0 层(基础层),设置其他楼层不用对基础的构件属性定义。

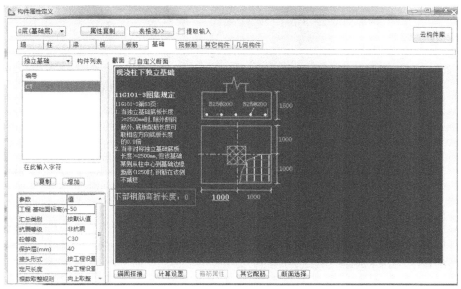

图 10-1-1

在"构件列表"中下拉选择基础"大类"之下不同的"小类"构件类型,如图 10-1-2 所示。

图 10-1-2

单击"截面"对话框中除数字以外的任何区域或单击"断面选择",弹出"断面选择"选择框,选择相应的独立基础形状,如图 10-1-3 所示。

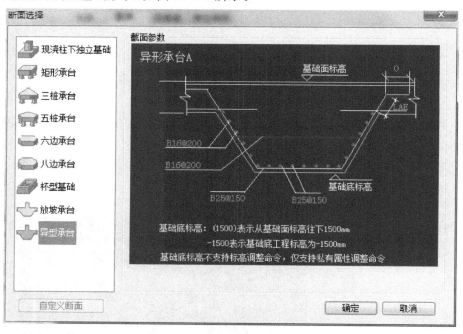

图 10-1-3

集水井分为"中间""边缘""角部""异型集水井"四种类型,可在属性中配置钢筋。单击"截面"对话框中除数字以外的任何区域,弹出"断面选择"选择框,选择相应的集水井,支持双排钢筋的设置如图 10-1-4 所示。

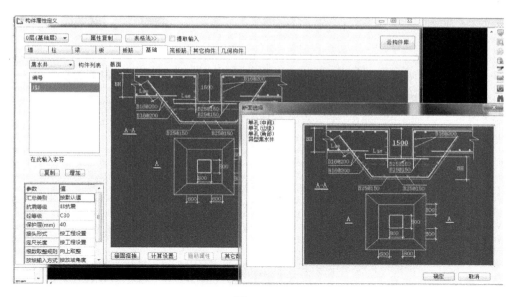

图 10-1-4

条形基础的"构件属性定义"设置如图 10-1-5 所示。

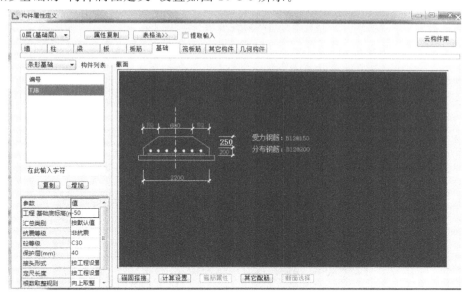

图 10-1-5

独立基础类型,配合现场不同类型基础断面使用,锥形独立基类型 A 断面,锥形独立基类型 B 断面,如图 10-1-6 所示。

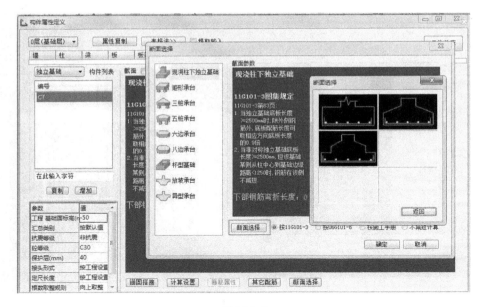

图 10-1-6

10.2　筏板筋属性设置

筏板筋属性设置与布置方式同板筋,详见板筋说明。

筏板筋支持自动扣除集水井,读取基础梁,支持有无外伸节点的构造计算,如图 10-2-1 所示。

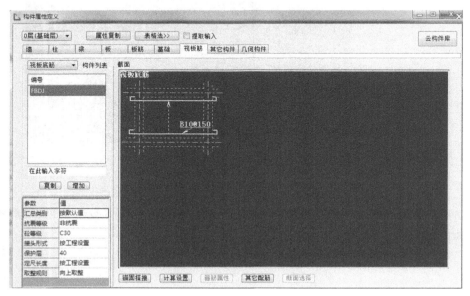

图 10-2-1

在"构件列表"中下拉选择基础"大类"之下不同的"小类"构件类型,如图 10-2-2 所示。

图 10-2-2

基础的计算设置如下:

(1)基础次梁下部第一排无外伸时,弯钩长度默认为:15 * D;

(2)基础主梁上、下部第一排无外伸时均默认为:15 * D;

(3)基础主、次梁两边梁宽不同时,弯折长度默认为:15 * D(当直段长度≥Lae 为直锚,不用理会此设置);

(4)基础次梁计算设置,增加一条计算设置:梁顶、梁底有变截面时,钢筋锚入支座形式,如图 10-2-3 所示;

(5)基础主梁计算设置,增加一条计算设置:梁顶、梁底有变截面时,钢筋锚入支座形式,如图 10-2-4 所示。

筏板底筋、面筋实体计算如下:

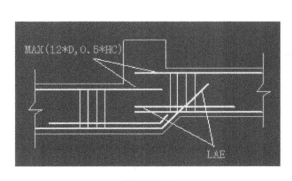

图 10-2-3

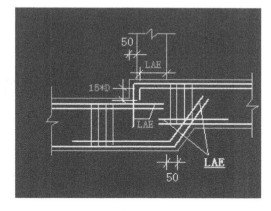

图 10-2-4

(1)多板布筋(底筋、面筋)支持实体化计算;

(2)区域布筋(底筋、面筋)支持实体化计算;

(3)支座钢筋支持实体化计算;

(4)基础板带(柱下板带、跨中板带)支持实体化计算;

(5)构件属性栏、私有属性栏增加一项,用于汇总类别,如图 10-2-5 所示。

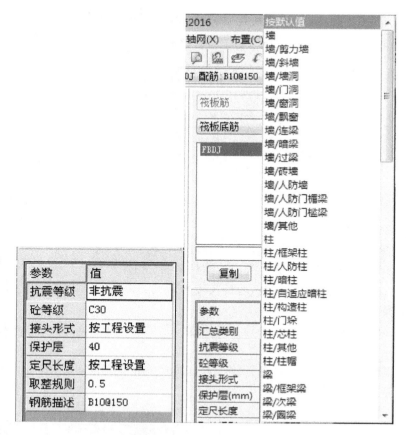

图 10-2-5

10.3 A 办公楼基础构件创建

10.3.1 A 办公楼筏板的创建

将楼层平面切换到"0 层（基础层）"，创建基础构件——筏板。单击"CAD 转化"→"导入 CAD"中，导入基础平面布置图，并将图纸与模型中的轴线对齐，如图 10-3-1 所示。

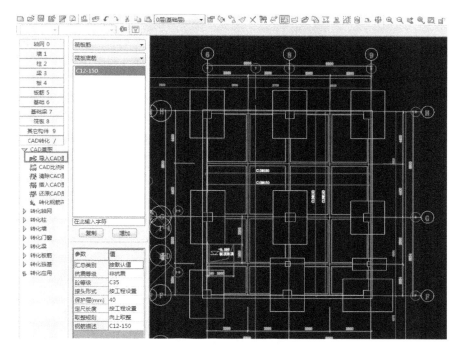

图 10-3-1

点击"筏板"→"布筏板",在属性栏中增加筏板类型"B 400",修改筏板参数,筏板厚度为400,筏板的混凝土强度等级为 C35,筏板顶标高为一4200,在选项栏中选择"矩形板"绘制筏板,框选筏板区域,完成后如图 10-3-2 所示。

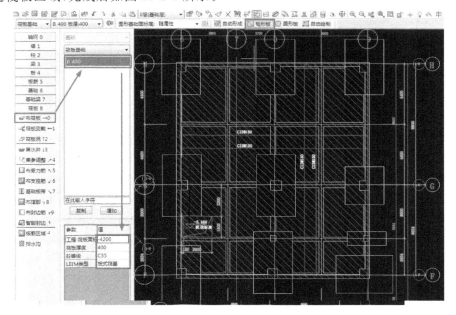

图 10-3-2

在 A 办公楼中,筏板的配筋为 C12-150 双层双向拉通,点击"筏板"→"布受力筋",在属性栏"筏板底筋"和"筏板面筋"中都增加类型为"C12-150"的钢筋,并双击进入"构件属性定义",设置为"C12-150",也可以在属性栏"钢筋描述"中进行设置,如图 10-3-3 所示。

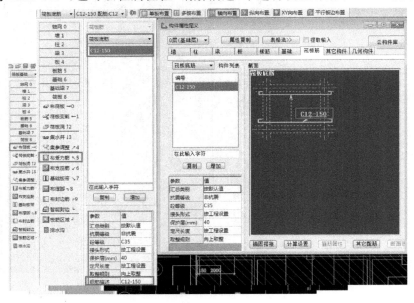

图 10-3-3

单击"布受力筋",选择"筏板底筋:C12-150"类型,在选项栏中选择"XY 向布置",单击选中"筏板",单击鼠标右键完成筏板钢筋的创建。用同样方法创建"筏板面筋:C12-150",如图 10-3-4 所示。

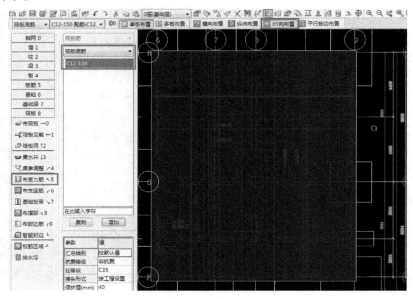

图 10-3-4

点击"筏板"→"集水井",在属性面板中增加"JSJ"类型,双击弹出"构件属性定义",单击右侧截面空白区域,弹出"断面选择",根据图纸,选择"单孔(中间)"型集水井,单击"确定",如图 10-3-5 所示。

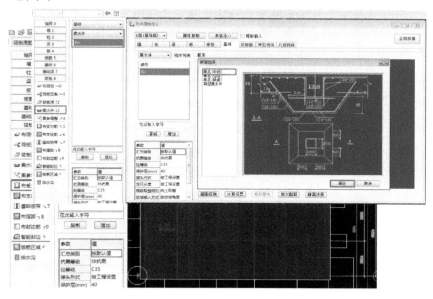

图 10-3-5

根据图纸可知,集水井为 2000×1500,井底标高为-5.55,集水井井深为 1350,集水井底筋面筋、边坡钢筋、井壁钢筋均为 C14-150 双向布置,将截面配筋信息均修改为"C14-150",底板厚度为 400,放坡角度为 60*,各类钢筋锚固长度为 Lae,在截面信息设置中完成各项数据的修改,如图 10-3-6 和图 10-3-7 所示。

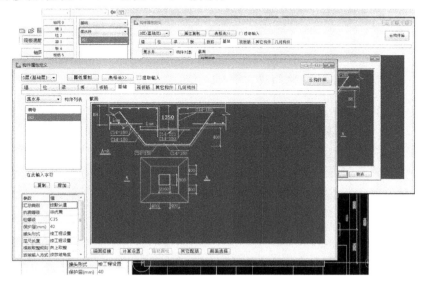

图 10-3-6

参数	值
汇总类别	按默认值
抗震等级	非抗震
砼等级	C35
保护层(mm)	40
接头形式	按工程设置
定尺长度	按工程设置
根数取整规则	向上取整
放坡输入方式	按放坡角度
放坡角度	60
LBIM类型	集水井

图 10-3-7

在筏板指定位置创建集水井,三维效果如图 10-3-8 所示。

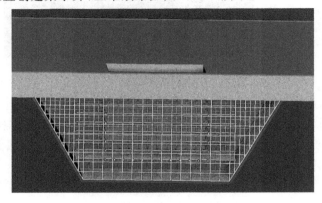

图 10-3-8

10.3.2 A办公楼基础梁的创建

将楼层平面切换到"0 层(基础层)",创建"基础构件"→"基础梁"。点击"CAD 转化"→"导入 CAD",导入基础梁配筋图,并将图纸与模型中的轴线对齐,如图 10-3-9 所示。

基础梁的支座是地下室的柱子,在创建基础梁之前需要先将地下室一层的柱子复制到基础层当中,切换到"−1 层(地下室)"中,框选地下一层柱子,单击鼠标右键复制,在选项栏中选择"楼层原位复制",复制到基础层,单击"确定",如图 10-3-10 所示。

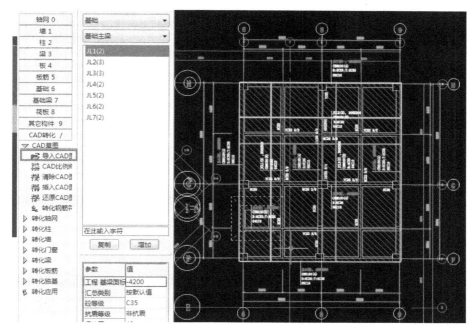

图 10-3-9

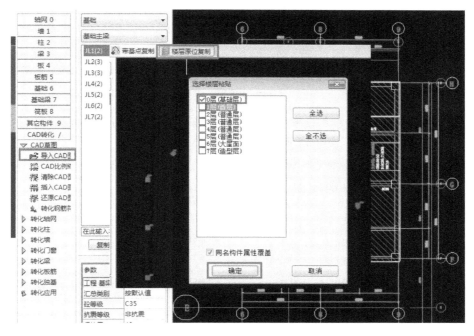

图 10-3-10

接下来基础梁的创建同普通梁一样,先提取梁,如图 10-3-11 所示。

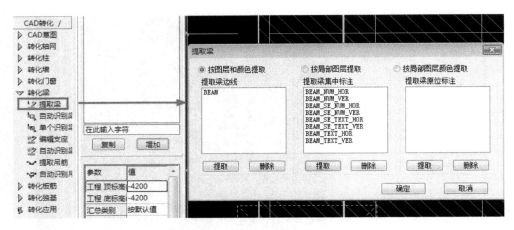

图 10-3-11

单击"自动识别梁",查看是否有未能识别的梁,如图 10-3-12 所示。

图 10-3-12

确认无误后,单击"下一步",设置基础梁的识别符,设置支座判断条件和最大距离同普通梁一样,单击"确定",如图 10-3-13 所示。

图 10-3-13

完成自动识别梁后,不要忘记点击"转化梁"→"自动识别梁原位标注",如图 10-3-14 所示。

图 10-3-14

最后单击"转化应用","选择需要生成的构件"中选择"基础"→"基础主梁""基础次梁",勾选"删除已有构件",单击"确定",如图 10-3-15 所示。

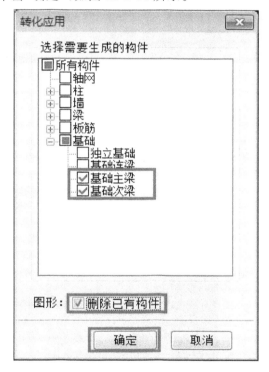

图 10-3-15

转化完成后,检查基础梁的配筋信息,导入新的基础梁配筋图,核对基础梁模型和 CAD 图纸配筋信息,编辑与修改方法同任务 6 梁钢筋建模一样,完成后如图 10-3-16 所示。

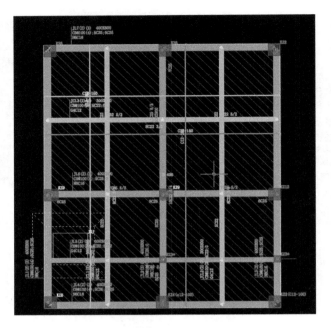

图 10-3-16

10.3.3 A 办公楼承台的创建

将楼层平面切换到"0 层（基础层）"，创建基础构件——承台。点击"CAD 转化"→"导入 CAD"，导入承台平面布置图，并将图纸与模型中的轴线对齐，如图 10-3-17 所示。

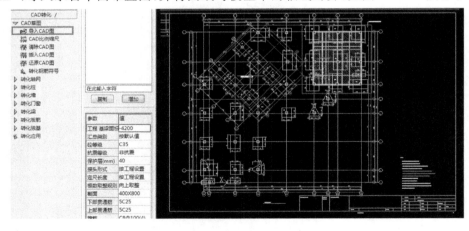

图 10-3-17

点击"转化独基"→"提取独基"，弹出"提取独立基础"对话框，分别提取独基边线和独基标注，单击"确定"，如图 10-3-18 所示。

图 10-3-18

点击"转化独基"→"自动识别独基",设置"常规独立基础",单击"确定",如图 10-3-19 所示。

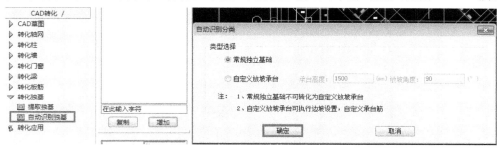

图 10-3-19

单击"转化应用",勾选"基础"中的"独立基础",勾选"删除已有构件",单击"确定",如图 10-3-20所示。

图 10-3-20

在"基础"→"独立基础"中会生成承台平面布置图中的各类承台,如图 10-3-21 所示。

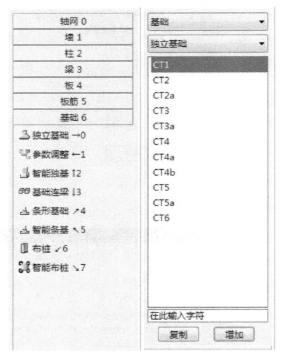

图 10-3-21

双击"CT1",弹出"构件属性定义",承台识别属于轴对称三桩承台,根据承台截面大样图,设置配筋信息,如图 10-3-22 所示。

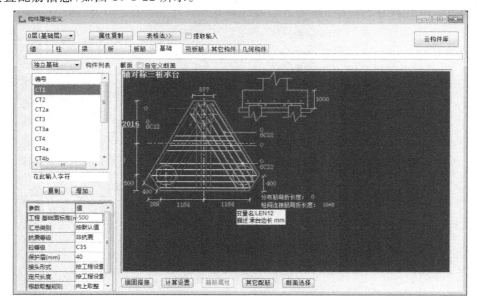

图 10-3-22

双击"CT2",修改承台配筋信息,单击截面定义空白处,弹出"断面选择"对话框,承台形式选择"矩形承台"。单击"下方布筋选择",如图 10-3-23 所示。

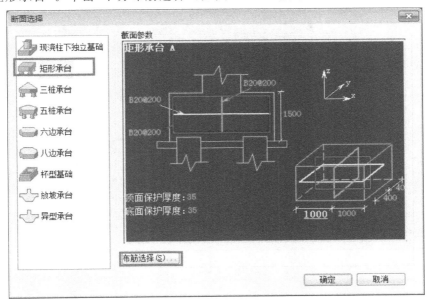

图 10-3-23

弹出"布筋选择"对话框,根据承台大样图,选择第四种配筋形式,如图 10-3-24 所示。

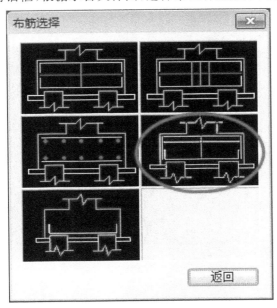

图 10-3-24

选择好断面后,单击"确定",根据承台大样图修改配筋信息,如图 10-3-25 所示。

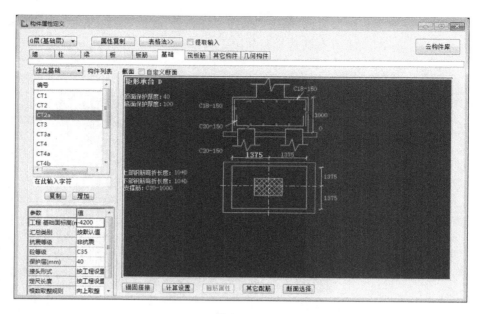

图 10-3-25

双击"CT5",断面选择为"矩形承台",布筋选择第五种形式,修改配筋信息如图 10-3-26 所示。

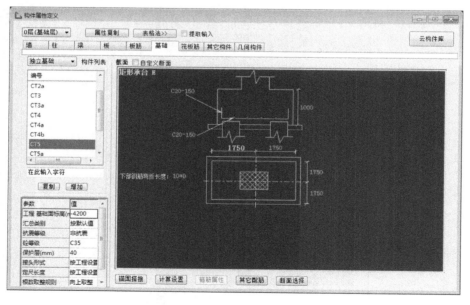

图 10-3-26

同样方法创建其他各个承台的配筋信息。

修改指定承台标高,单击"高度调整",选择 6 轴和 G 轴相交处的 CT4a,单击鼠标右键,弹出"高度调整"对话框,设置工程基础面标高为−4950,注意不勾选"高度随编号一起调整"选项,如图 10-3-27 所示。按照同样方法修改非地下室部分的承台顶标高。

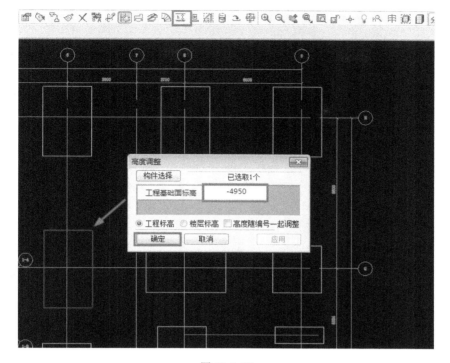

图 10-3-27

【任务拓展】

1. 如下图,如何设置筏板变截面。

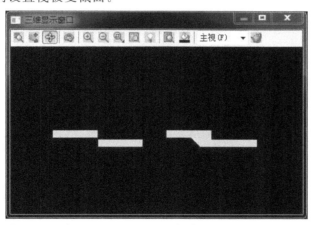

2. 根据 A 办公楼图纸创建地下室基础中的各类构件。

在线测试

任务 11　工程量计算、报表查看及导出

【学习目标】

1. 熟悉各类报表的生成与应用。
2. 掌握报表的查看与导出。

【任务导引】

1. A 办公楼各楼层钢筋工程量计算。
2. A 办公楼各楼层钢筋明细报表的生成与导出。

视频 11-1

11.1　报表查看

选择菜单中的"工程量"→"计算报表"或左键单击工具条中 按钮，进入如图 11-1-1 所示鲁班钢筋报表。其中有 4 种软件默认的报表大类（钢筋汇总表、钢筋明细表、接头汇总表、

图 11-1-1

经济指标表),以及用户自定义报表。

报表查看操作方法:先选择报表种类,再选择工程数据中的报表小类名称,即可看到需要的报表数据信息。

11.2　报表统计

选择工程数据下的报表名称并单击命令 $\blacksquare$ 统计,可以选择需要统计的钢筋,如图 11-2-1 所示。

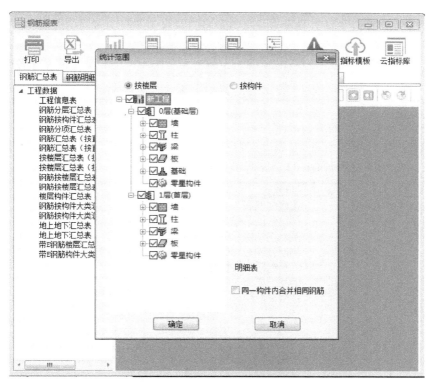

图 11-2-1

条件统计可按照按楼层和按构件统计报表。

11.2.1　报表私有统计

选择工程数据下的报表名称,单击右键可进行选择(设置私有统计条件),如图 11-2-2 所示。

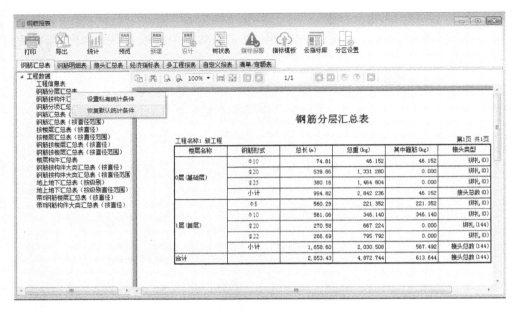

图 11-2-2

设置好私有统计条件后，该报表以红色高亮（框选区域）显示，表示该报表不是按软件的默认统计条件统计得到的，如图 11-2-3 所示。

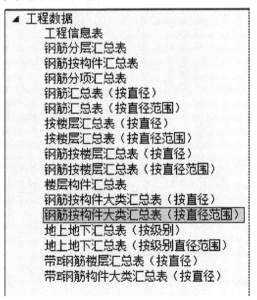

图 11-2-3

11.2.3 多工程汇总合并

单击"多工程钢筋汇总表"，弹出如图 11-2-4 所示对话框。

图 11-2-4

可在项目名称中输入本工程的名称,单击"浏览"可添加电脑中做好的项目工程,如图 11-2-5 所示。

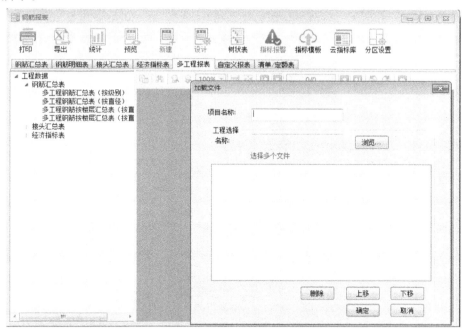

图 11-2-5

单击"确定"完成多工程钢筋汇总表的合并,如图 11-2-6 所示。

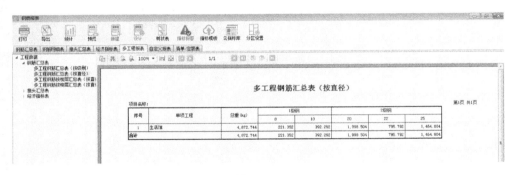

图 11-2-6

多工程钢筋汇总表还支持接头汇总表与经济指标表的汇总与合并,如图 11-2-7 所示。

图 11-2-7

特别说明:接头汇总表新增了植筋统计表,如图 11-2-8 所示。

图 11-2-8

特别说明：钢筋汇总表新增了带 E 钢筋统计表，如图 11-2-9 所示。

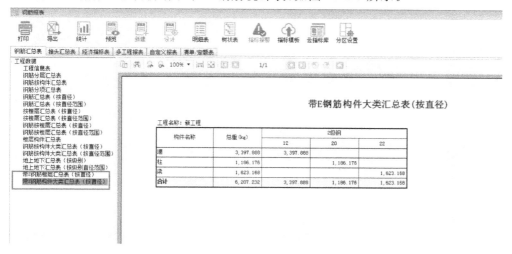

图 11-2-9

11.3 报表打印

单击命令 （打印），可以打印报表，如图 11-3-1 所示。

图 11-3-1

单击命令 （预览），可以在打印之前查看打印效果，如图 11-3-2 所示。

图 11-3-2

11.4 报表导出

单击 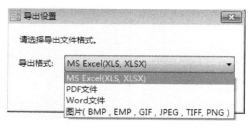 可以导出 Excel 表格、PDF 文件、Word 文件、图片,软件弹出对话框如图11-4-1 所示。

图 11-4-1

导出 Excel 优化:支持分层、整体导出,整体导出支持 MS Excel、PDF 文件、富文本 (RTF)、TIFF 文件(构件法输出 Excel 同样支持此功能),如图 11-4-2 所示。

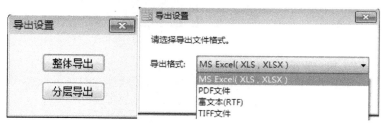

图 11-4-2

（1）分层导出时，生成 n 份 Excel 文件，每层保存一份文件（报表—钢筋明细表—导出）；

（2）整体导出时，生成 1 份 Excel 文件，整体保存一份文件。

输出造价优化：输出造价里面增加"按清单定额输出"（工程—导入导出—输出造价）；自动套优化：界面交互优化，输出报表可自由控制输出项目（iluban—自动套—匹配清单、定额—高级），如图 11-4-3 所示。

图 11-4-3

11.5 自定义报表

自定义报表可设置任意形式的报表。报表的页眉、表头、统计形式、显示内容、字体形式等都可自由设置。

选择 自定义报表 ， 新建 高亮显示，单击 新建 ，弹出对话框如图 11-5-1 所示。

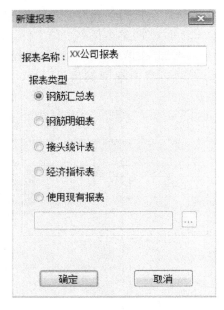

图 11-5-1

单击"确定"可以进入报表模板设计,如图 11-5-2 所示。

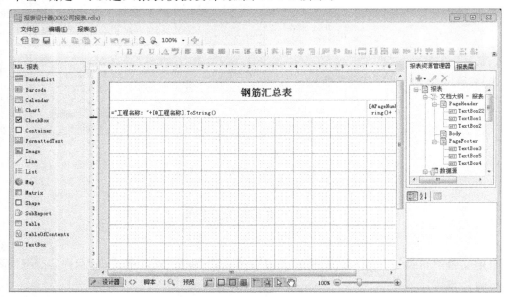

图 11-5-2

钢筋汇总表,接头汇总表,经济指标分析表的定义流程为:

(1)选择需要的汇总条件。调整好汇总条件的先后顺序,根据需要选择是否占列。

(2)根据已有的汇总条件,选择需要的汇总数据。

钢筋明细表的定义流程为:

（1）选择需要的汇总条件。调整好汇总条件的先后顺序，根据需要选择是否占列。

（2）选择需要的单个数据。调整好单个数据的先后顺序。

（3）根据已有的汇总条件，选择需要的汇总数据。

当自定义报表需要修改时，选中自定义报表名称，单击 设计 就可以对报表模板进行修改。

当其他工程需要使用已有的报表时，可以选择使用现有报表，如图 11-5-3 所示。

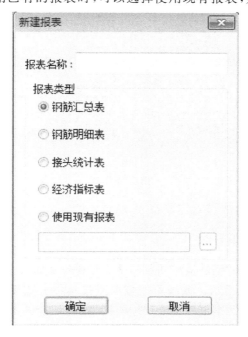

图 11-5-3

自定义报表功能提示：

（1）支持设置任意形式的报表。报表的页眉、表头、统计形式、显示内容、字体形式等都可自由设置。

（2）新增快速定义报表的功能，包括增加单个数据、增加汇总条件、增加汇总数据、添加文本、添加参数。

（3）定义好的报表文件放在 X:\lubansoft\鲁班钢筋 2016V25.1.0\lbgjlib\sysdata\customReport 文件夹中。

（4）支持直接将报表文件复制到其他电脑中使用。

11.6　树状报表

单击 树状表 按钮，进入如图 11-6-1 所示鲁班钢筋报表。

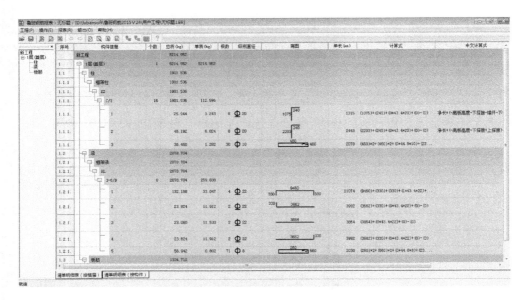

图 11-6-1

目前报表包含四大类并支持自定义报表。

11.6.1 钢筋清单明细总表

选择菜单中的"报表"→"钢筋清单明细总表"或单击工具条中的 按钮,即可进入钢筋清单明细总表,如图 11-6-2 所示。该表可按楼层或按构件分成两个表,通过图 11-6-2 左下角的"钢筋明细表(按楼层)""钢筋明细表(按构件)"按钮切换进入。

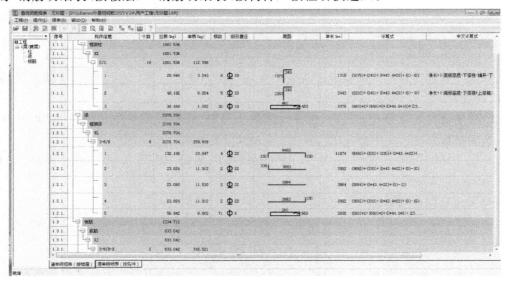

图 11-6-2

选择菜单中的"操作"→"展开"或单击工具条中的 按钮,即可展开钢筋清单明细总表;选择菜单中的"操作"→"收缩"或单击工具条中的 按钮,即可收缩钢筋清单明细总表。钢筋清单明细表包含:构件信息、个数、总质、单质、根数、级别直径、简图、单长、备注、编号等信息。其中构件信息包含:楼层、大类构件夹、小类构件夹、构件名称、构件位置等信息,如图11-6-3所示。

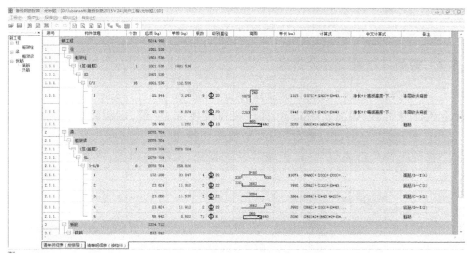

图 11-6-3

此处,鼠标的右键功能如图11-6-4所示,可以展开或收缩左侧需要统计的项目。

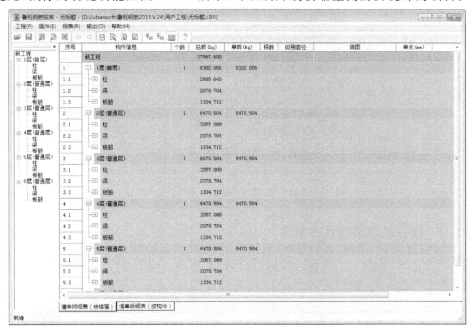

图 11-6-4

钢筋清单明细账功能指示如下：

(1)当前节点输出到 Excel：把当前的报表以 Excel 表格的形式输出并保存。

(2)当前节点打印预览：打印预览当前报表的形式。

(3)保存当前节点：保存当前报表为鲁班报表文件格式。

(4)展开目录：展开报表。

(5)收缩目录：收缩报表。

11.6.2 钢筋工程量统计分析表

选择菜单中的"报表"→"钢筋工程量统计分析表"或单击工具条中的 按钮，即可进入钢筋工程量统计分析表，如图 11-6-5 所示。该表按楼层、直径、定额组合可组合成六个表，通过图 11-6-5 下方的"定额、层、直径"等六个按钮切换进入。

钢筋工程量统计分析表包含：定额编号、层、直径、大类构件夹、小类构件夹、构件名称、位置等信息。

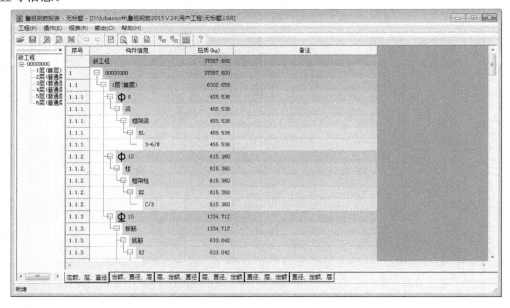

图 11-6-5

11.6.3 接头工程量统计分析表

选择菜单中的"报表"→"接头工程量统计分析表"或单击工具条中的 按钮，即可进入接头工程量统计分析表，如图 11-6-6 所示。该表按楼层、直径、接头组合可组合成三个表，通过图 11-6-6 下方的"定额、层、接头"等三个按钮切换进入。

钢筋工程量统计分析表包含：层、接头类型、直径、大类构件夹、小类构件夹、构件名称、位置等信息。

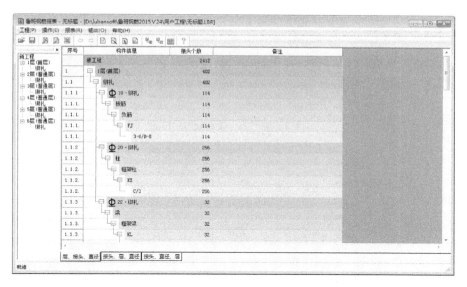

图 11-6-6

11.6.4　工程经济指标分析表

选择菜单中的"报表"→"工程经济指标分析表"或单击工具条中的 按钮,即可进入工程经济指标分析表,如图 11-6-7 所示。该表按楼层、直径、构件组合可组合成四个表,通过图 11-6-7 下方的"层、直径"等四个按钮切换进入。

注意:工程经济指标分析表输出的前提是必须在"工程设置"中输入当前层的建筑面积值。

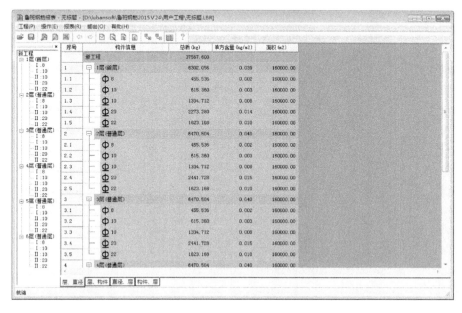

图 11-6-7

11.6.5 条件统计

鲁班钢筋还可以进行条件统计，点击"报表"→"条件统计"，弹出对话框如图 11-6-8 所示。

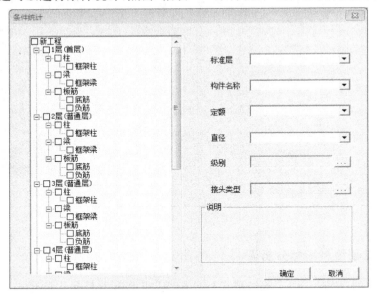

图 11-6-8

将需要统计的楼层或者构件里面的标准层、构件名称、直径、级别等进行条件统计，如图 11-6-9 所示。

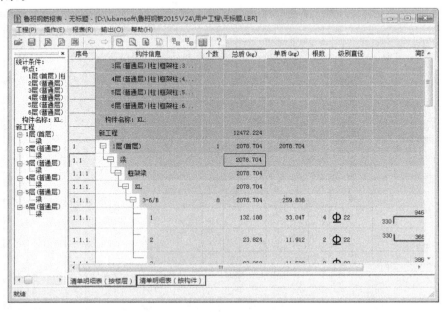

图 11-6-9

11.6.6　报表打印设置

单击工具条中的 按钮，即可进入报表打印设置，如图 11-6-10 所示。其作用：设置报表打印时页边距、页眉、页脚等内容，可以有效地节约纸张。

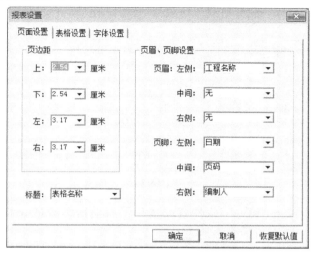

图 11-6-10

也可切换至"表格设置"进行设置，如图 11-6-11 所示。其作用：钢筋清单明细表（按楼层/按构件）的具体显示、打印项目的设置。

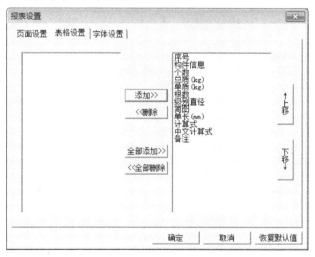

图 11-6-11

还可切换至"字体设置"进行设置，如图 11-6-12 所示。其作用：调节字体、字号、行高，以达到最好的视觉效果。

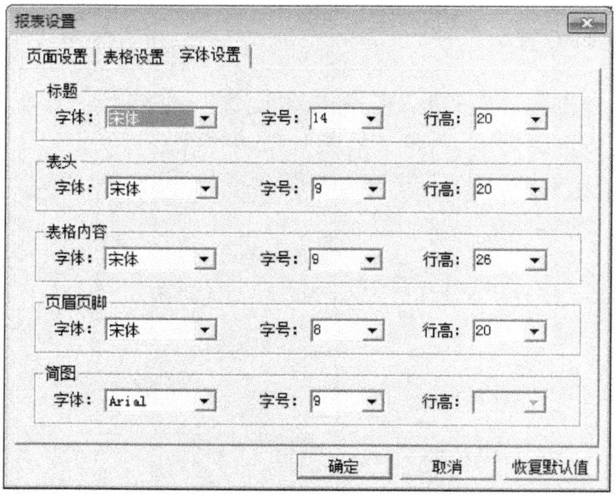

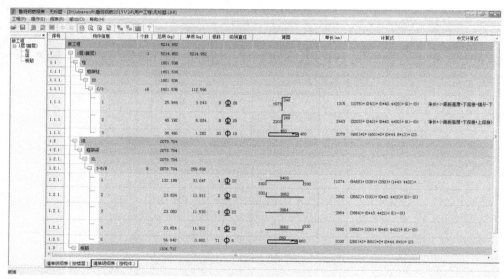

图 11-6-12

当报表设置好后,单击"确定",软件就调整到了我们所需要的表格形式,如图 11-6-13 所示。

图 11-6-13

11.6.7 报表打印

设置好的报表,可以直接单击 进行打印预览,如图 11-6-14 所示。

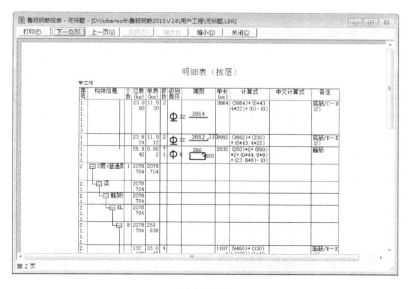

图 11-6-14

对预览的报表满意后，可以直接单击 打印(P) 进行打印，如图 11-6-15 所示。

图 11-6-15

11.6.8 报表输出到 Excel 文件

选择菜单中的"输出 Excel 文件"或单击工具条中的 按钮，弹出"选择输出 Excel 方式"的对话框，如图 11-6-16 所示。其中，"输出整张表格"指软件将目前表格全部内容输出到 Excel 文件；"按当前情况输出"指软件将按照目前的表格展开的样式输出。

图 11-6-16

11.7　打印预览

在鲁班钢筋主构件法界面下,选择菜单中的"工程量"→"节点报表",即可进入报表选择,如图 11-7-1 所示。具体如表 11-7-1 所示。

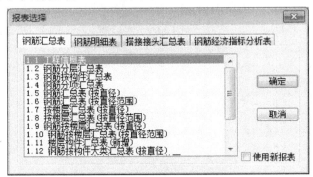

图 11-7-1

表 11-7-1

表项	说明
钢筋汇总表(按直径)	指整个工程的钢筋按不同级别、直径进行汇总
钢筋汇总表(按直径范围)	按 1 级,4<直径≤10,10<直径≤25;2 级,2<直径≤10,10<直径≤25 汇总
搭接汇总表	指整个工程的接头按接头类型及直径汇总接头个数
按楼层汇总表(按直径)	指整个工程的钢筋按楼层、钢筋级别、直径分别进行汇总
按楼层汇总表(按直径范围)	与钢筋汇总表(按直径范围)意义相同,是按楼层汇总。
按楼层搭接汇总表	指整个工程的各楼层接头按接头类型及直径汇总接头个数
指定节点清单表	指定整个工程、某个楼层、文件夹、构件的钢筋清单
指定节点钢筋汇总表(按直径)	指的目录栏中的节点,可以是整个工程,也可以是某个楼层,还可以是某个构件夹或某个构件
指定节点钢筋汇总表(按直径范围)	与钢筋汇总表(按直径范围)意义相同,是按节点汇总
指定节点搭接汇总表	指按节点的接头按接头类型及直径汇总接头个数
分项汇总表	按软件"构件向导"中认可的构件汇总工程的钢筋量
分层汇总表	按工程设置中的楼层显示预览工程的钢筋量
按构件汇总表	按软件树状管理目录的文件夹中的构件进行汇总
工程信息表钢筋经济指标分析表(按层)	按工程设置中的楼层显示预览工程的钢筋经济指标值

续表

工程信息表	将工程设置的工程概况显示出来，包括钢筋总重等
工程信息表钢筋经济指标分析表（按构件）	按软件“构件向导”中认可的构件显示预览工程的钢筋经济指标值
工程信息表钢筋经济指标分析表（按地上、地下）	按地上、地下两部分显示预览工程的钢筋经济指标值
钢筋按构件汇总表（按直径）	按软件“构件向导”中认可的构件，按直径汇总钢筋总量
钢筋明细表	预览显示整个工程的钢筋清单表

说明：节点可以是整个工程、某个楼层、某个文件夹、某个构件。

具体操作步骤如下：

（1）在目录栏中，用鼠标左键单击“节点”使之加亮，选择下拉菜单“工程”→“节点打印预览”。

（2）软件自动跳出“报表选择”的对话框，如图 11-7-2 所示，选中需要的报表类型，单击“确定”，进入打印预览或打印窗口。

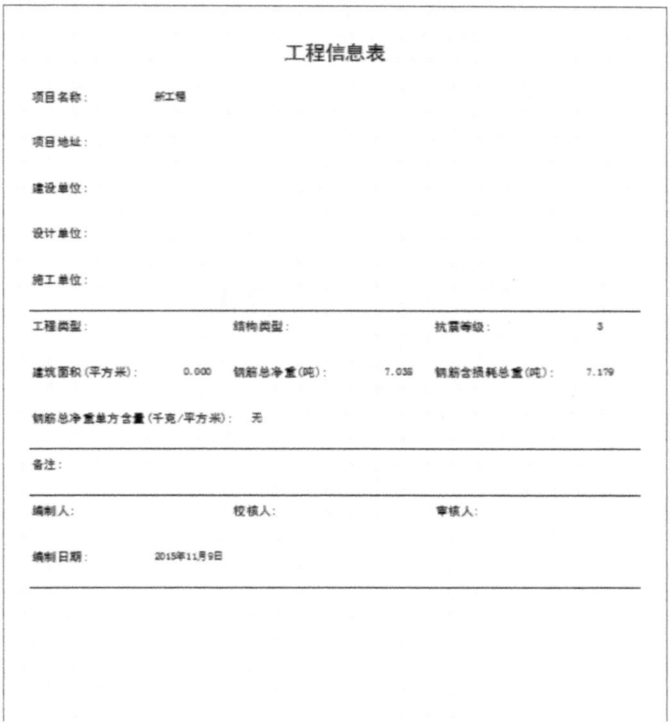
工程信息表

项目名称： 新工程

项目地址：

建设单位：

设计单位：

施工单位：

工程类型： 结构类型： 抗震等级： 3

建筑面积(平方米)： 0.000 钢筋总净重(吨)： 7.035 钢筋含损耗总重(吨)： 7.179

钢筋总净重单方含量(千克/平方米)： 无

备注：

编制人： 校核人： 审核人：

编制日期： 2015年11月9日

图 11-7-2

（3）在随后弹出的“打印设置”对话框中设置打印信息，打印设置和 Windows 其他程序相同。

11.8 定制表格

选择菜单中的"工程量"→"定制表格",即可进入报表设置对话框,如图 11-8-1 所示。

钢筋明细表打印前,应对汇总表、指定节点明细表、搭接汇总表、按楼层汇总表进行设置,分别点击以上的四个按钮,进行"相对宽度""是否打印"两项的设置。

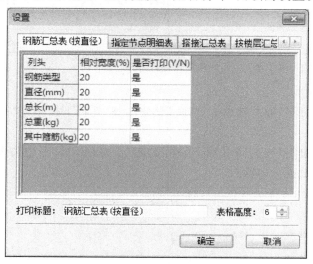

图 11-8-1

11.9 指标模板

单击 ,弹出窗口,如图 11-9-1 所示。

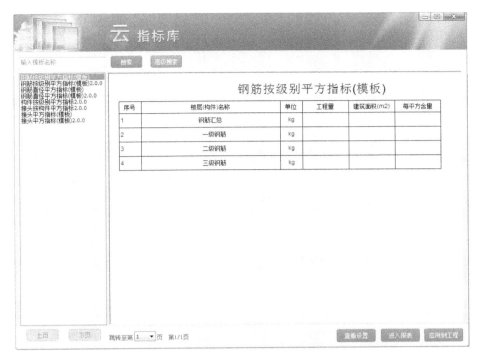

图 11-9-1

单击 查看设置 ，弹出如图 11-9-2 所示模板窗口。

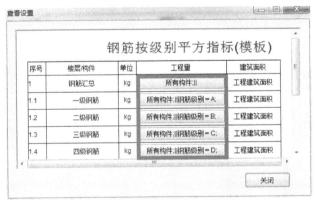

图 11-9-2

单击浅蓝色区域(图 11-9-2 框选区域)，弹出如图 11-9-3 所示计算项目类表，可以勾选设置。

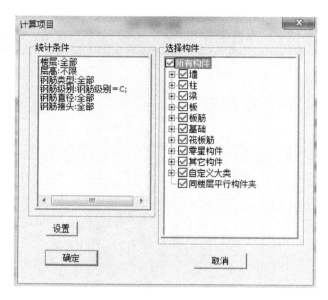

图 11-9-3

在图 11-9-1 中单击 [应用到工程]，按钮变成 [已应用]。同样也可以单击 [进入报表]，如图 11-9-4 所示。

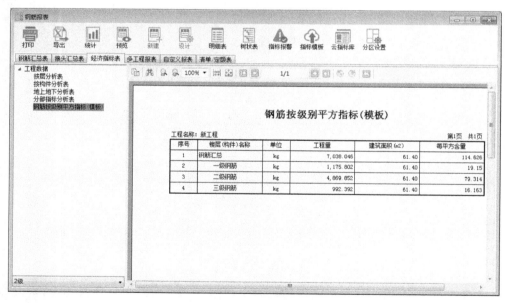

图 11-9-4

11.10 云指标库

软件的云指标库见任务 13 第 13.3 节云指标详解。

11.11　分区设置

进入报表后,可对任意施工段统计出量,方便用户对量、查量、核算,如图 11-11-1 与图 11-11-2 所示。

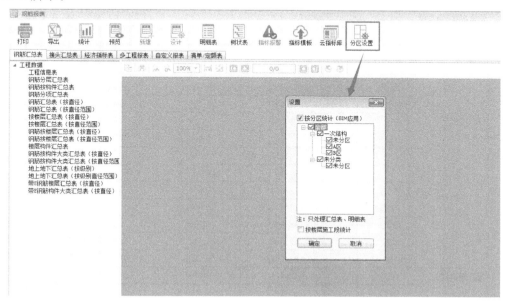

图 11-11-1

图 11-11-2

11.12 修正报表问题

解决未安装鲁班字体,导出 Excel 出现乱码的问题。

钢筋符号以文本格式导出 Excel,便于编辑修改,如图 11-12-1 所示。

工程名称:新工程 第1页 共1页

楼层名称	钢筋形式	总长 (m)	总重 (kg)	其中箍筋 (kg)	搭接形式
0层(基础层)	A0	0.9	0	0	绑扎(0)
	A10	9.912	6.116	6.116	电渣压力焊(0)
	B20	60.256	148.592	0	电渣压力焊(0)
	小计	71.068	154.708	6.116	接头总数(0)
1层(首层)	A6	18.63	4.14	4.14	绑扎(0)
	A6.5	43.946	11.418	7.154	绑扎(0)
	A10	127.08	78.42	78.42	绑扎(0)
		190.806	117.733	117.733	电渣压力焊(0)
	B12	59.3	52.664	0	绑扎(0)
	B16	23.454	37.008	0	绑扎(0)
	B20	162.944	401.8	0	电渣压力焊(48)
	B22	58.014	173.112	0	绑扎(2)
	小计	684.174	876.295	207.447	接头总数(50)
2层(普通层)	A10	178.416	110.088	110.088	电渣压力焊(0)
	B20	144	355.104	0	电渣压力焊(48)
	小计	322.416	465.192	110.088	接头总数(48)
3层(普通层)	A10	178.416	110.088	110.088	电渣压力焊(0)
	B20	132.24	326.104	0	电渣压力焊(48)
	小计	310.656	436.192	110.088	接头总数(48)
4层(顶层)	A10	118.944	73.392	73.392	电渣压力焊(0)
	B20	72.48	178.736	0	电渣压力焊(32)
	小计	191.424	252.128	73.392	接头总数(32)
合计		1579.738	2184.515	507.131	接头总数(178)

编制人: 技术负责人: 鲁班软件

图 11-12-1

【任务拓展】

统计并导出 A 办公楼各楼层钢筋明细表。

在线测试

任务 12　BIM 应用

【学习目标】

1.熟悉鲁班钢筋模型的各类 BIM 应用点。

2.掌握鲁班钢筋模型施工段划分、骨架图、管变线构件的使用。

【任务导引】

1.A 办公楼钢筋模型划分施工段,导出各施工段的钢筋工程量。

2.A 办公楼骨架图、管变线构件 BIM 应用的使用。

视频 12-1

12.1　施工段

为了解决大型项目都存在的分段投标、分段施工问题,软件可分段计算、分段显示控制,分区报表出量,便于工程的查量、核算。在菜单栏中单击 BIM 应用,会出现如图 12-1-1 所示的施工段与骨架图,施工段又分别有类别设置、布施工段、施工顺序、指定分区与刷新属性分区的内容。其中,布施工段、施工顺序与指定分区与轴网下的部分一致,单击就可以进行布置,如图 12-1-2 所示。

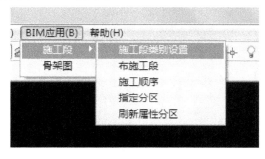

图 12-1-1

轴网 0	
直线轴网	→0
弧形轴网	←1
辅助轴线	↑2
自由画线	↓3
布施工段	↗4
施工顺序	↖5
指定分区	↙6

图 12-1-2

12.1.1 类别设置

支持对构件进行结构类型修改,主要是将具体的构件,分别归类在不同的分区以及不同的结构类型下,方便分区出量。首先单击"BIM 应用",下拉选择"施工段"→"施工段类别设置",弹出"类别设置"对话框,如图 12-1-3 所示。

图 12-1-3

例如,将暗梁放入二次结构中,首先选中"一次结构"→"暗梁",放入"未分类"中,然后切换构件大类为"二次结构",再选中"暗梁",放入"二次结构"分类下,如图 12-1-4 与图 12-1-5 所示。

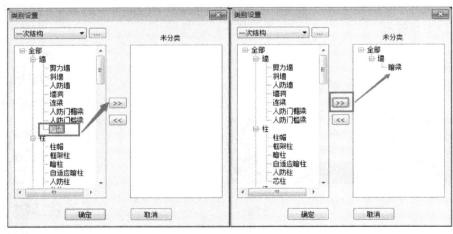

第一步   第二步

图 12-1-4

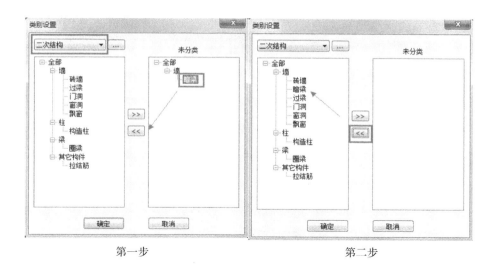

第一步　　　　　　　　　　　第二步

图 12-1-5

12.1.2　布施工段

布置施工段,支持矩形、圆形、异形(直线、三点画弧)的绘制,单击"布施工段",或者下拉选择"BIM 应用"下的"布施工段",在实时工具栏会出现具体的布置方式,选择需要的施工段,单击相应的实时命令,在图形界面中进行布置即可,如图 12-1-6 所示。

图 12-1-6

12.1.3　施工顺序

可调整各施工段的优先施工顺序,解决各施工段的施工顺序。比如有 A、B、C 三个施工段区域,可通过上下移动当前选中的施工段位置,设置优先施工顺序,如图 12-1-7 所示。

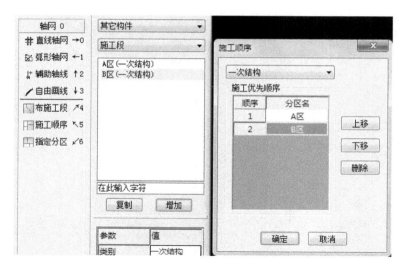

图 12-1-7

12.1.4 指定分区

可指定任何构件到任意施工段内,灵活解决施工中任意过程中变动的快速更新。单击"指定分区",鼠标变为方框形式,选择需要分区的构件,单击鼠标右键,弹出"指定构件分段"对话框,选择"所属分段",单击"确定"即可,如图 12-1-8 所示。

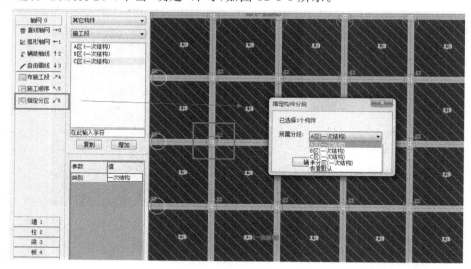

图 12-1-8

12.1.5 刷新属性分区

对施工段的设置进行修改后,可以软件菜单栏中的"BIM 应用"、"施工段"中的"刷新属性分区",弹出如图 12-1-9 所示对话框。

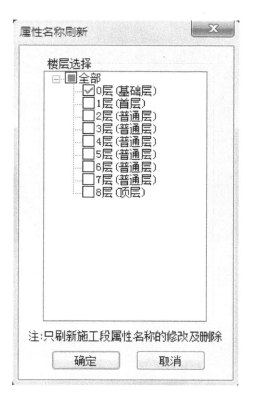

图 12-1-9

将跨两个施工段的构件,进行指定分区,修改后,单击"刷新属性分区",再统计就会将该构件归类到修改后的分区内,如图 12-1-10 和图 12-1-11 所示。

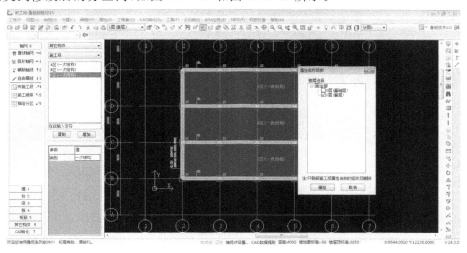

图 12-1-10

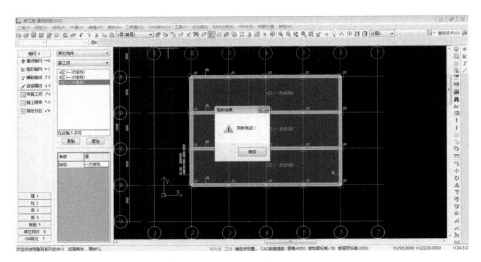

图 12-1-11

12.1.6 指定分区计算

对任意楼层中的任意施工段指定计算,可对任意施工段快速出量,节约在工程过程中对账、查量、审量计算时间,如图 12-1-12 所示。

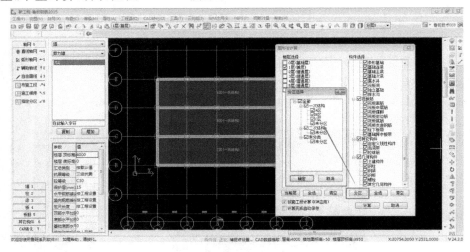

图 12-1-12

12.2 骨架图

开放楼层主、次梁的骨架图显示,便于初学者快速学习以及方便工程人员查量、核算,如图 12-2-1 所示。

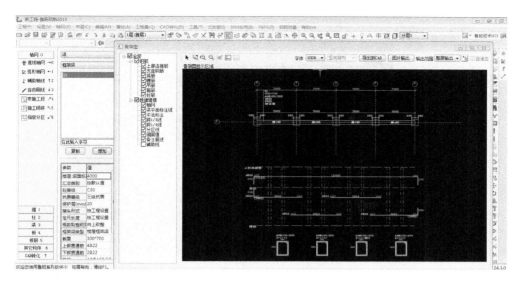

图 12-2-1

在查看梁骨架图时,支持对骨架图上钢筋的相关数值进行修改,修改后的结果与计算结果联动,如图 12-2-2 所示。

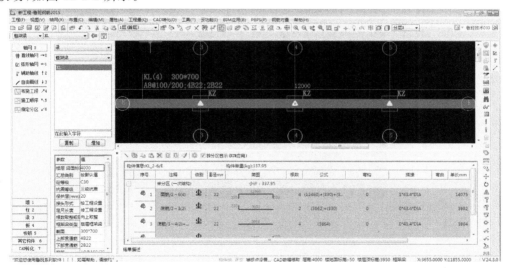

图 12-2-2

单击"骨架图",选择该梁,弹出相应的对话框修改梁上部钢筋的弯折,单击"确定"后关闭窗口,如图 12-2-3 和图 12-2-4 所示。

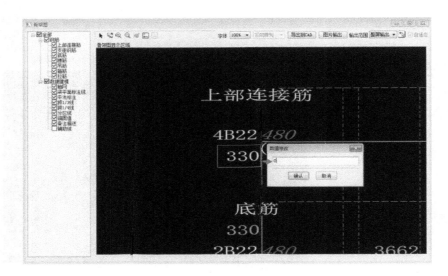

图 12-2-3

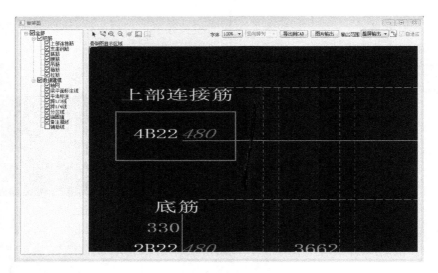

图 12-2-4

关闭"骨架图"窗口后,鼠标还是小方框的形式,再次选择该梁,梁的颜色会比其他梁的颜色暗,再单击"计算结果查看",可以看到计算结果与骨架图中修改的结果联动,如图 12-2-5 和图 12-2-6 所示。

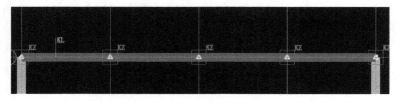

图 12-2-5

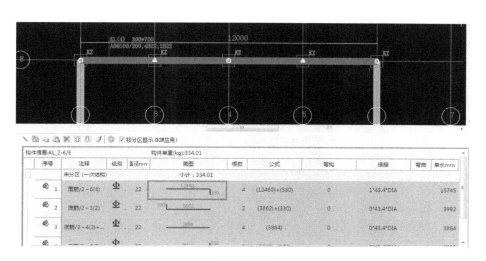

图 12-2-6

12.3 管变线构件

管变线构件是 BIM 应用的新增功能,是将安装专业文件保存 lbim 导入钢筋,以实现专业间的协同。

操作梳理:单击"BIM 应用"下拉菜单中的"管变线构件",弹出"打开 LBIM 模型"对话框,选择相应的安装专业的 lbim 文件,如图 12-3-1 所示。

图 12-3-1

单击"打开",弹出"导入方式选择"对话框,如图 12-3-2 所示。

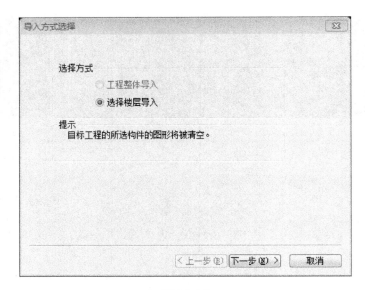

图 12-3-2

单击"下一步",弹出"楼层对应"对话框,增加楼层,并将楼层一一对应,如图 12-3-3 所示。

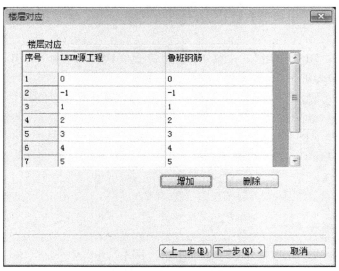

图 12-3-3

单击"下一步",弹出"专业选择"对话框,在"构件列表"中,对建筑、电气、弱电等分类构件进行选择,如图 12-3-4 所示。

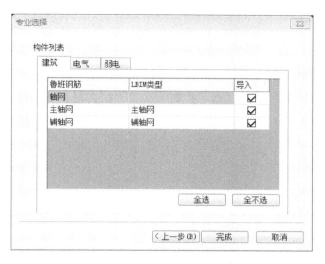

图 12-3-4

单击"完成",则将安装文件导入钢筋,如图 12-3-5 所示。

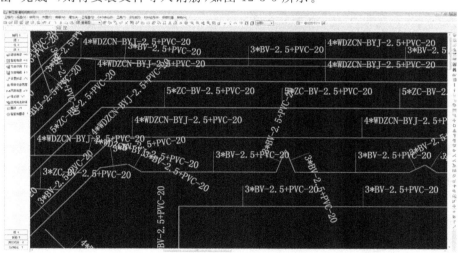

图 12-3-5

【任务拓展】

1. 对 A 办公楼划分施工段并分区计算。

2. 查看 A 办公楼骨架图,核算主梁的钢筋。

在线测试

任务 13　云应用

【学习目标】
1. 熟悉云构件库的使用。
2. 熟悉云指标的使用。
3. 掌握云功能检查的使用方法和步骤。
【任务导引】
1. 利用云功能检查 A 办公楼钢筋模型。
2. 修正 A 办公楼钢筋模型中云功能检查出来的错误。

视频 13-1

13.1　云构件库

13.1.1　功能简介

云构件是上海鲁班软件有限公司推出的一项云应用服务。

用户可通过连接到 Internet 的客户端,访问到云端服务器上的云构件库,从云构件库中选择所需的云构件,并将其应用到工程文件中。

13.1.2　云构件库

云构件库是统一发布云构件的应用平台。

用户可通过云构件库享受到实时更新的云构件,而不需要通过更新软件版本的方式来获取新构件。

13.1.3　云构件

云构件是指云构件库中具体的构件,为了区别本地构件而称之为云构件。

13.1.4　意义

云构件功能的意义在于为鲁班软件的用户提供了一种方便而又高效的更新软件构件库,使得鲁班构件的更新可以脱离于软件的版本之外,可以不断地根据工程的实际需要在第一时间进行更新。

13.1.5 内容

2011 年 6 月第一个支持云构件功能是鲁班钢筋 V19.3.0 版本的自定义线性构件功能。

1. 云构件——自定义线性构件

基础类:筏板封边节点、变形缝节点天沟、梁口部、线条类。

单击软件界面菜单栏中的"云功能(云应用)",下拉选择"云构件库",然后弹出"在线云构件库"窗口,如图 13-1-1 所示。

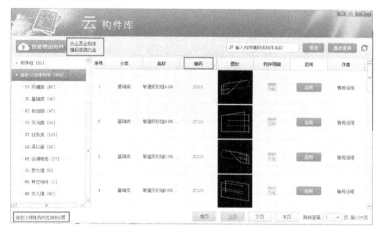

图 13-1-1

在图 13-1-1 中,有"预览"按钮,单击"预览",就会弹出云构件库窗口预览图形,可以看到断面的详细配筋信息,如图 13-1-2 所示。

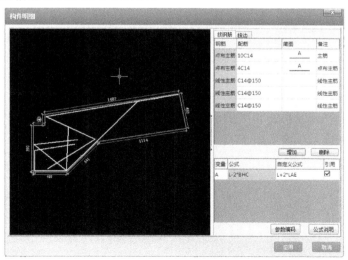

图 13-1-2

此断面及配筋跟实际工程所需的类似,如果需要应用此断面,直接单击 应用 ,那么此断面就会下载到工程属性当中了。单击"查看属性",会直接打开当前工程的构件属性栏,显示之前已应用的那个构件,如图 13-1-3 所示。

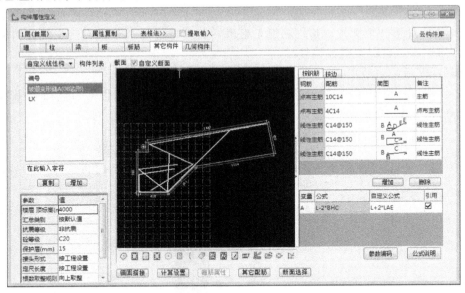

图 13-1-3

构件库功能如下:

搜索:输入构件关键名称,单击"查询",软件会按构件名称来搜索库里的匹配名称的构件。

图形:图形简图预览,鼠标移动到简图上,会及时浮动出相应放大图片。

构件明细:可以预览构件的断面及属性信息。

应用:按钮状态为"应用"时,此构件允许应用到当前软件版本的自定义线性构件中。

按钮状态为"查看属性"时,此构件之前已经应用到工程内。单击"查看属性",会直接打开当前工程的构件属性栏内,显示之前已应用的那个构件。

2.云构件——构件组

墙洞梁、墙梁洞、人防门框的具体操作及应用事项同自定义线性构件。

3.云构件库编码搜索功能

云构件库编码搜索功能如图 13-1-4 所示。

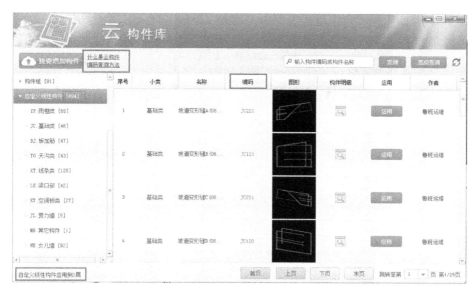

图 13-1-4

编码方法及搜索格式,如图 13-1-5 所示。

编码及搜索				
元素:	构件小类 (2位)	构件折数 (1位)	端点个数 (1位)	边情况 无斜弧边 0 / 有斜边 1/ 有弧 形边 2 (1位)
编码:	BJ	3	2	0
编码格式:	BJ320:板加筋--三折图形--2个端点--无斜边			
编码格式:	两个首写字母	1位数字	1位数字	1位数字
格式示意:	XX	0	0	0
输入格式:	XX000 或 X000	小类+折数+端点个数+边情况		
	XX00 或 X00	小类+折数+端点个数		
	XX0 或 X0	小类+折数		
	XX 或 X	小类		
	000	折数+端点个数+边情况		
	00	折数+端点个数		
	0	折数		
	其它格式	收索名称关键字		

图 13-1-5

注意:
(1)同一小类内允许重码。
(2)同一大类、不同小类间不允许重码;不同大类间允许重码。
(3)构件折数超过 1 位数用"0"表示。
(4)折数端点超过 1 位数用"0"表示。

单击"高级查询" 高级查询 弹出如图 13-1-6 和图 13-1-7 所示窗口。

图 13-1-6

图 13-1-7

单击"提示"弹出提示框,如图 13-1-8 至图 13-1-10 所示。

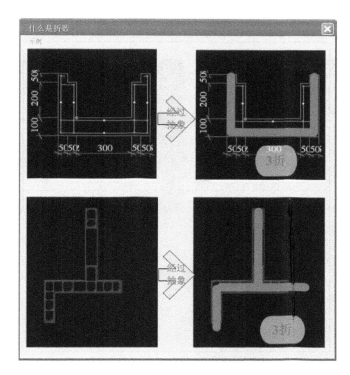

图 13-1-8

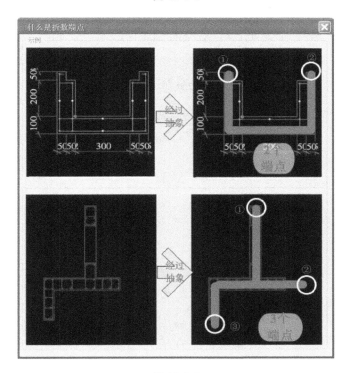

图 13-1-9

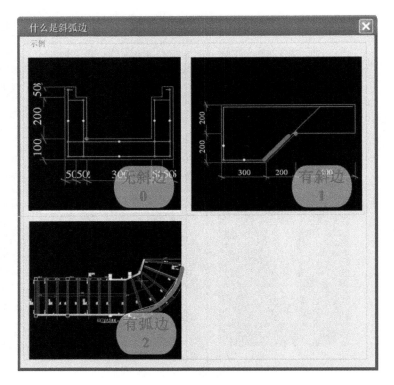

图 13-1-10

单击"使用帮助"链接到"鲁班百科"对应的"帮助"。

13.2 自动套—云模板

点击下拉菜单"云功能（云应用）"→"自动套"，弹出"自动套—云模版"对话框，如图 13-2-1所示。

图 13-2-1

（1）云端服务器提供各地定额清单模板，给用户在线使用。

（2）本地可以在云模板上编辑自定义定额清单项目，且自由定义统计条件，选择相对应需要统计的具体构件，根据条件自动统计到该清单或定额条目下。

（3）兼做自定义类汇总的功能。构件法树的结果是加载到右侧的那个树，用户可以任意选择树上的任意构件，统计到任意自定义的清单或定额条目下。

具体操作如下：

单击"云应用自动套"，弹出图 13-2-1 对话框，选择好相对应的清单及定额后，单击"下一步"，进入具体模板及可编辑状态，如图 13-2-2 所示。

图 13-2-2

在图 13-2-2 中，可以对统计的条件进行设置，双击"条件设置"弹出对话框，如图 13-2-3 所示。

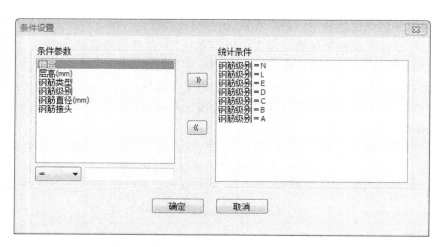

图 13-2-3

条件设置好之后,单击"保存",可作为历史模板重复使用,也可单击"进入报表",弹出"钢筋报表"界面,如图 13-2-4 所示。

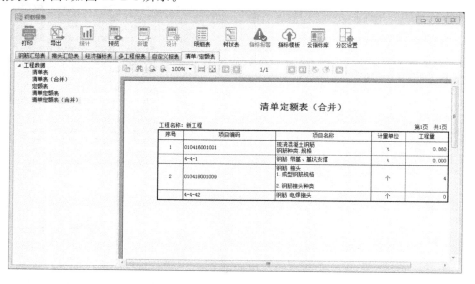

图 13-2-4

选择相对应的报表进行量的统计,导出及打印报表。

13.3 云指标

云指标可以让用户快速生成指标、对比指标,并快速分析指标结果是否合理;

便于有效保管、分类每个工程指标,形成自己的指标库;

企业用户可快捷地搜集管理企业中的每个指标,便于形成企业指标库,让每个工程指标都更有价值；

指标共享机制使得数据、经验交流，畅通无阻；

鲁班指标库是由鲁班技术专家所计算的工程累计形成的，包含全国各地各种结构类型和建筑类型的工程指标，可实时获得更多准确的专家级指标信息，如图13-3-1所示。

图 13-3-1

1.上传指标（单击"上传指标"，可下拉选择：上传当前工程/上传其他工程）

（1）上传当前工程：可直接将当前工程指标上传至"我的指标库"或指定的"企业指标库"；

（2）上传其他工程：可选择任意指定工程指标上传至"我的指标库"或指定的"企业指标库"，如图13-3-2所示。

2.指标文件分类

（1）我的指标库：按指定类型储存自己的指标模板，可查看、共享、编辑、对比指标；

（2）我收到的共享：储存好友共享给我的指标文件，可查看、编辑、对比指标；

（3）企业指标库：储存企业的指标文件，可查看、对比指标；

（4）鲁班指标库：储存鲁班公共指标，可查看、对比指标；

（5）推荐对比工程：根据当前工程的各项特征情况，软件自动为您推荐与之相近的工程指标文件，轻松找到您想要的指标文件；

（6）回收站：里面保存着已经删掉的指标模板，如图13-3-3所示。

图 13-3-2

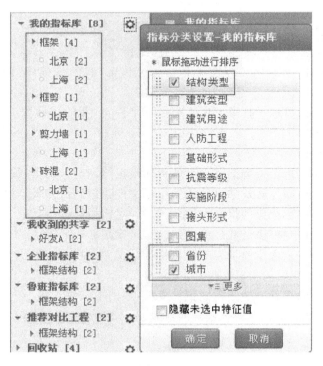

图 13-3-3

3.指标分类设置

(1)可用鼠标拖动特征值,更改指标排列顺序;

(2)可隐藏未选中的特征值,如图 13-3-4 所示。

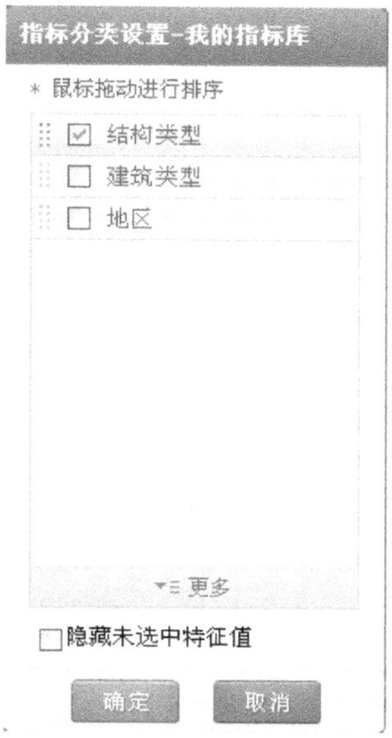

4.查看指标

(1)鼠标移动到指标文件上,可浮动显示工程特征值;

(2)单击查看指标,可查看选中工程的各项指标特征值,如图 13-3-5 所示。

(3)可给联系人留言,如图 13-3-6 所示。

6.编辑指标

编辑指标支持重命名、删除、编辑特征值、编辑备注。

7.对比指标

在指标数据库中,找到同类型工程指标,与当前工程进行对比,分析当前工程的计算结果合理性,提高计算成果准确性,防止出现一些低级错误,避免造成重大损失!

(1)和当前工程对比:将选定指标与当前工程指标进行对比。

(2)只对比选中工程指标:对比选中工程之间的指标,可指定任意指标为基准指标,如图 13-3-7 所示。

图 13-3-4

图 13-3-5

图 13-3-6

图 13-3-7

（3）计算设置对比：对比多个工程间计算规则、各构件计算设置、搭接设置之间的差异，查找指标差异的原因。

对任一工程操作，其他工程做同步操作。比如，选任一工程中某行，其他工程也选中此行。竖向滚动时，其他工程也同样做竖向滚动同步。

可自由拉伸界面大小，支持最大化，但不支持最小化，如图 13-3-8 所示。

图 13-3-8

8.批量共享/批量上传

可批量共享和批量上传选中的指标文件。

9.搜索、高级搜索

（1）搜索：根据工程名称进行全范围搜索。

（2）高级搜索：根据工程特征，有选择性地进行搜索，如图 13-3-9 所示。

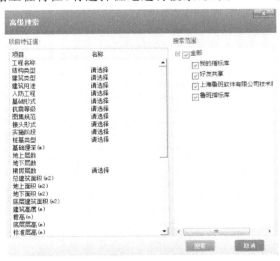

图 13-3-9

13.4 云模型检查

鲁班云模型检查功能是由数百位专家支撑的知识库,可动态更新,实时把脉,避免可能高达 10％的少算、漏算、错算,避免巨额损失和风险。具体价值表现在以下 6 个方面:

检查项目数量更多:云模型检查功能的范围涵盖本地合法性检查功能。

检查项目增加与优化更及时:云模型检查功能在云端可以即时更新,专家知识库动态增加,保证用户第一时间使用最新的功能和规则。

检查范围自定义更灵活:云模型检查支持多种检查模式,有当前层检查、全楼层检查和自定义检查。

检查依据主动提供:部分条目错误附上依据原理,让您错得明白,改得放心;初学者不用翻资料、查图集、找规范,学习更轻松。

定位反查和修复功能更强大:云模型检查支持反查到构件图形或属性,部分疑似错误支持一键自动修复,查找与修改更便捷高效。

检查结果报告更直观:云模型检查支持多层级统计与展示,错误分布一目了然,修改问题心中有数。

(1)云功能里面增加"云模型检查",单击弹出检查页面。

(2)检查大类分为属性合理性、建模遗漏、建模合理性、设计规范,计算设置合理性,计算记过合理性可选择检查类型;

(3)支持选择:当前层检查、全工程检查、自定义检查(可选择楼层及构件大小类进行检查),默认模板(可选择及修改检查内容),如图 13-4-1 所示。

图 13-4-1

选择检查项目后,进入检查页面(检查过程中可"暂停"或"取消")。

检查完成后,进入如图 13-4-2 所示界面(可查看"详细错误"及"重新检查"):增加错误分级显示。第一级为必错项;第二级为疑似错误;第三级为不同地区及不同的设计标准引起的错误。

图 13-4-2

单击"查看确定错误",弹出图 13-4-3。

图 13-4-3

单击"检查依据"弹出相应图片、文档或连接。

点击"定位"或双击构件名称定位到相应位置（图形构件、构件法、构件属性、其他配筋）；

可对疑似错误进行"忽略"；

可执行搜索命令（在搜索框输入错误类型或构件类型）；

信任列表功能：查看详细错误界面忽略修改为忽略错误，忽略过的错误下次将不再检查，如图 13-4-4 所示。

图 13-4-4

信任列表支持信任规则及忽略错误，添加到信任列表中的内容下次将不再检查，如图 13-4-5 所示。

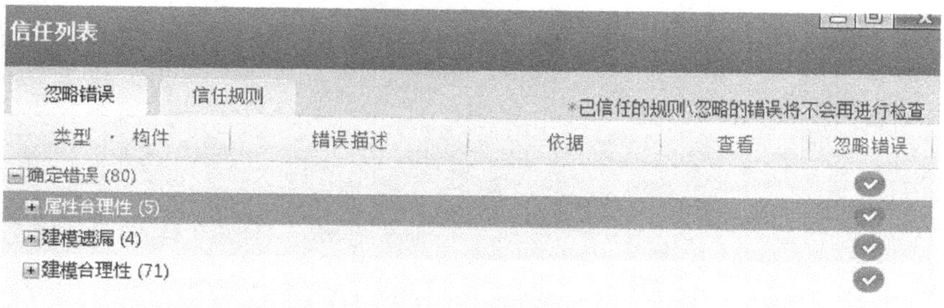

图 13-4-5

忽略错误是指具体的某一个错误下次将不再检查，如某个楼层图形上某个具体位置的构件下次将不再提示，但其他位置的该类错误还将提示。

信任规则是指信任某条检查规则，即根据用户的设置，下次整个工程或某些楼层将不再检查此条规则，如图 13-4-6 所示。

增加企业云构件库：首先在钢筋软件中生成构件组或者创建自定义线性构件，之后单击

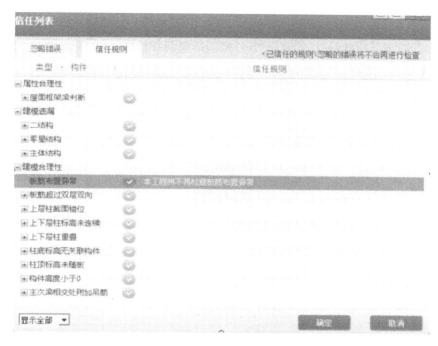

图 13-4-6

"工具"菜单栏下的"生成云构件组",弹出如图 13-4-7 所示对话框。

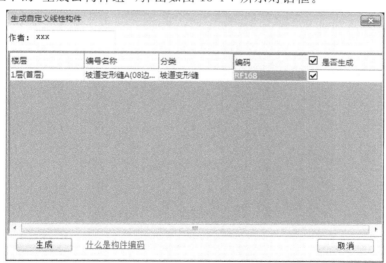

图 13-4-7

单击"生成",会生成一个文件,如图 13-4-8 所示。

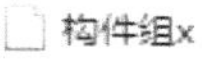

构件组x

图 13-4-8

【任务拓展】

利用鲁班钢筋云功能检查,检查 A 办公楼钢筋模型并修改。

全书建筑施工图和结构施工图由以下二维码地址下载

本书图纸